聪明女人情商书

朱吉亮◎编著

CONGMING NüREN QINGSHANGSHU

中国纺织出版社

内 容 提 要

情商是女人获得幸福最为重要的资本。高情商的女人能在纷繁的社会中游刃有余,无论在职场、社交场、情场、家庭中都能收获属于自己的成功与快乐。

本书诠释了情商对于女人幸福的意义,将最有效的情商提升秘籍——鲜活地展现开来,教会女人管理心态情绪、修炼自身修养、从容为人处世,从而,让生活达到完美的平衡,成就女人绚丽美好的人生。

图书在版编目(CIP)数据

聪明女人情商书 / 朱吉亮编著.—北京:中国纺织出版社,
2012.5 (2024.4重印)
ISBN 978-7-5064-8192-2
Ⅰ.①聪… Ⅱ.①朱… Ⅲ.①女性—情商—通俗读物
Ⅳ.① B842.6-49
中国版本图书馆 CIP 数据核字(2011)第 261217 号

策划编辑:曲小月 闫 星 责任编辑:闫 星 责任印制:陈 涛

中国纺织出版社出版发行
地址:北京东直门南大街 6 号 邮政编码:100027
邮购电话:010—64168110 传真:010—64168231
http://www.c-textilep.com
E-mail:faxing@c-textilep.com
北京兰星球彩色印刷有限公司印刷 各地新华书店经销
2012 年 5 月第 1 版 2024 年 4 月第 2 次印刷
开本:710×1000 1/16 印张:17.5
字数:224 千字 定价:78.00 元

前言

　　你是否觉得生活中有很多自己无能为力的情况：曾经甜美的恋情出现了危机而自己却无能为力；不知道什么原因好朋友不再联系自己；很要好的同事突然疏远自己；工作已经很用心了可是升职的却不是自己……你不明白为什么别人总是能够开心地生活，自己却时时烦闷，其实这些都是因为，你没注意有一种叫"情商"的东西在对你的生活发生作用。

　　很多人都知道"情商"这个词，却并不是很清楚这个词具体的含义，其实所谓"情商"就是指人在情绪、情感、意志、耐受挫折等方面的品质，也有人称它为"情绪智力"。情绪智力可以扩展为五个主要领域：了解自身情绪、管理情绪、自我激励、识别他人情绪、处理人际关系。也可以这样理解，情商高的人往往社交能力强，外向而乐观，他们不易陷入恐惧或伤感的情绪中，对事业较投入；为人正直，富有同情心；情感生活较丰富但不逾矩，无论是独处还是与大家在一起时都能怡然自得。因而对于现今社会的女性来说，培养自己的"情商"是一件十分必要的事，它会让看似弱小的女性坚强而优雅地穿梭于这个竞争激烈、人际关系复杂的社会。

　　情商对于女人来说是一种很重要的生存能力，情商高的女人更容易与他人处好关系，更容易获得别人的认可和成功。我们把那种在公众场合哭嚎、谩骂、撒泼耍赖的女人称为泼妇，把识大体、懂忍让的女人称为知性女人，前者不能控制自己的情绪，任自己的情绪控制行为，做出一些让人不舒服的举动；而后者能够控制自己的情绪、照顾他人的情绪，和谐地处理人际关系，显然后者是情商很高的女人，这样的女人往往令人欣赏和钦佩。所以说，女人的情商在日常生活与为人处世中是非常重要的，这种管理自我情绪的智慧，影响着一个人未来生活的品质。

从生活中的成功而言，情商对于成功的作用比智商更大，一个整天乐呵呵、少有心计的人往往因为人际关系好、对生活积极乐观，反而能比那些工于心计的人有更好的生活。这也从某个角度说明，女人培养好自己的情商，才能在现今社会找准自己的位置，站稳自己的脚跟。

这本书从幸福、逆境、自信、情绪、工作、人脉、婚恋等方面系统地阐述了和女人有关的各种情商，让女性朋友能够更准确、更细致地把握自己的工作、生活和幸福，希望女性朋友们能够在高情商的培养过程中建立自信豁达的心态，养成平和沉稳的性格，形成成熟的处事风格，并在未来生活中坚强面对一切困难，做一个内心强大、永不退缩的高情商女人！

编著者

2011年12月

目 录

第 1 章

看清情商：
女人的情商决定幸福的方向

对于一个女人来说，拥有良好的相貌，受过高等教育未必意味着一定会获得幸福。相反，如果能处理好和自己的关系，处理好与他人的关系，那么你就会得到别人的肯定和喜欢，让自己在自信中不断实现自我超越，并获得更多的发展机遇。因此情商对于一个女人的一生幸福而言，显得尤为重要。那么，作为女人，如何得知自己的情商究竟是高还是低呢？如果是低了，怎么提高呢？这正是这一章将要引导你讨论的问题。

❀ 情商往往决定着女人幸福的方向

情商（Emotional Quotient，EQ），指情绪智慧或情绪智商，又称为情绪智力。根据心理学家的研究认为，情商包括五个方面：自我了解、自我管理、自我激励、识别他人情绪与处理人际关系。简单地说就是处理好与自己的关系，处理好与他人的关系。处理好与自己的关系让我们实现了自我超越，处理好与别人的关系为自身的发展营造了良好的环境并能获得他人的帮助，事实上，这两点是一个人发展的必备因素。

作为女人，要获得人生的幸福同样需处理好这两个关系，要努力调整好自己，认识自己并让自己变得足够的优秀，这是谋求幸福的前提和基础；同时还要和身边的人处理好关系，挖掘你的人脉，赢得支持和机遇，这在很大程度上影响着你的发展。所以从这个角度来说，情商往往决定着女人的幸福方向。

镜子大学毕业之后，抱着宏伟的梦想去了深圳，想在那里做出一番轰轰烈烈的大事情。可是想要有番作为，对于刚刚走出学门且两手空空的镜子来说，艰难可想而知，她在深圳苦苦挣扎着，为了生存而努力工作。

可是，生活往往充满了变数。就在她以为在深圳能够立足的时候，突然之间，她所在的公司却倒闭了，她再一次加入到每天找工作的大军之中，四处奔波。这个时候，家里的老母亲也因为病重住院了，于是她回到了老家。

回家后，在她的精心照料下，母亲的病渐渐好转了。可是，另外一个困扰着她的问题却来了，她已经习惯了在大都市生活，不论是生活习惯还是行为意识都与这个偏僻落后的北方小城格格不入，她在留下与离开之间痛苦地抉择着。

梦想和现实之间的矛盾让她不知如何是好。留下，就意味着她的梦想破灭；离开，她就无法照顾亲人。再说了，即使离开她的梦想真的能实现吗？对此，她也很茫然。在纠结了几天之后，她终于说服了自己，留在了老家。

随后，她在老家的一家公司找了一份工作。由于她平日里和同事们相处融洽，所以同事们都很喜欢她。这天，她和几个姐妹一起去食堂里吃饭，正当她们高兴地聊天的时候，突然一个老眼昏花的老人，坐到了同事美美的身边，美美厌恶地瞪了老人一眼，转身离开了座位。这时候，镜子凑过去笑嘻嘻地说："大爷，你要吃什么，我帮你去买。"

老人慢慢地说："我想喝碗粥，可我出来的时候忘了带钱。"

镜子说："没关系，大爷，我请你吃饭。"说完，她走到打饭的地方，为大爷买了一碗粥，并且还要了几个热气腾腾的馒头，老人感激地一个劲点头。

在和老人的聊天中，镜子得知，老人正是她所在企业老板的父亲，由于吃腻了家里的山珍海味，所以想出来吃点便饭。可是一时半会儿又不知道吃什么好，所以，随着人流来到了食堂，一摸口袋才发现自己忘了带钱。

就这样，镜子经常和老人聊天，老人也很喜欢镜子，后来在老人的帮助下，再加上镜子的工作确实做得认真细致，老板将镜子放在了重要岗位上，几年后，镜子已成为公司的主要负责人了。

故事中的镜子，在生活中说服了自己留在老家，处理好了跟自己相关的关系；同时，在生活中热情帮助别人，从而赢得了自身发展的机遇，获得了实现幸福的人生。可见，对于女人来说，要想获得人生的幸福，那么就要善待自己，善待他人，善待生活，你会在不经意间发现，你已经获得了幸福。那么，作为女人，如何提高自己的情商，让你找到通向幸福的大道呢？

1. 了解自己，对自己的人生负责

一个人如果连自己都不了解，那么很难说她是一个聪明的人，成熟的人。同样，作为一个女人，要想获得人生的成功，那么前提就是要对自己有个清晰的了解和认识。只有明白了自己，才知道你的路在哪里，否则，你对自己不了解，你的人生一片迷茫，你怎么可能知道自己的梦想在哪里，更谈不上如何获得幸福了。

2. 明确你的追求，做好自我抉择

事实上，很多人都没仔细想过这辈子为什么活着，人活着的意义和价值在哪里，因此他们也很少考虑自己的追求在哪里，见别人为了一顿饭活着，也甘随其后。作为女人，一定要明晰自己的人生价值在哪里，仅仅是为了一顿饭活着，还是为了某个信仰？某个理念？抑或是某个人？当你明白了自己的追求之后，你便不会感到迷茫和痛苦了。

3. 不断学习，努力实现自我超越

一个人只有不断地学习，不断地进步，才能不断地超越自己，事实上，这也是在提高自己的情商。只有你自己足够优秀了，你才能得到自我的肯定，才能获得别人的肯定，也才能赢得机遇和人脉，在通向幸福的大道上，你才能更加轻松和容易。所以，对于女人来说，要想获得幸福，就要不断地学习，努力实现自我超越。

4. 善待别人，帮助身边的每个人

一个人要想在社会上立足，光靠个人的努力还是远远不够的，很多时候还需要有和谐的环境以及良好的人脉关系，有时候机遇比能力更加重要。所以，对于女人来说，要善待别人，帮助你身边需要帮助的人，为自己获得人生的幸福创造良好的外部条件，同时，用自己的友善赢得别人的尊重。

✽ 女人情商的高低，影响成就的大小

通常情况下，情商高的女人都非常自信，而且很优秀，她们用自身的魅力来营建良好的人际关系，这样无疑为自己有所作为创造了最好的条件。所以，从这个角度上来说，情商高的女人，往往所作出的成就也会很大。因此，作为女人，要想让自己取得更大的成就，那么一定要不断提高自己的情商。

红霞上学的时候，学习成绩一般，因此，在长辈们眼里，她并不是个卓越的孩子。或许也是因为如此吧，所以连她自己也认为，这辈子只能过那种普普通通的小老百姓的日子。高中毕业之后，她并没有上大学，而是在一个乡镇企业里找了一份工作，整天埋头苦干。

后来，乡镇企业因为效益不好，倒闭了，红霞失去了工作。恰在这时，远在广州做生意的表姐缺人手，于是红霞去广州帮助表姐。到了广州之后，红霞算是见了大世面了。

表姐告诉她，五年前自己只身来到了广州，努力打拼，现在不但买了房子、车，而且拥有了自己的公司。这在红霞看来想都不敢想，她羡慕地说："表姐，你真了不起。"

表姐笑了笑说："你想过没有，你用五年时间变成另外一个我呢？"

红霞摇了摇头说："我不敢想，我哪有这个本事啊！"

表姐说："为什么不敢想呢？你比我少个鼻子，缺个眼睛？没有吧？既然没有，我能做到的事情，你为什么就做不到呢？人活着得有梦想，不是吗？如果你连想都不敢想，你怎么能够变成另外一个我呢？"

那一晚，红霞失眠了。她翻来覆去睡不着，脑子里全是表姐的话。是啊，自己并不比表姐差，为什么表姐能做到的事情，自己连想都不敢想呢？想起上学的时候，表姐的成绩比起自己要差很多的，可现在，自己的成绩却比表姐差很多。

很快，红霞积极行动起来，在闹市区开了一家小吃店。由于她心灵手巧，再加上肯吃苦，对待顾客也热情周到，所以生意非常不错。仅仅干了一年，她就挣了5万多块钱。后来在表姐的支持下，她的小吃店扩大规模，变成了餐厅。

随后，红霞更加积极主动，用自己的热情，赢得了很多大客户的支持，生意越做越大。五年之后，她真的变成了第二个表姐，买了房子、车子。现在的红霞已经不是五年前那个土里土气毫无想法的小丫头了。

故事中的红霞由于之前对自己缺乏了解，缺乏自信，总觉得自己这辈子不会做出多大的成就，所以不敢有自己的梦想。后来，在亲眼见证了表姐的成就之后，促使她萌生了想要努力发展自己的念头。由于她很努力，再加上待人诚恳热情，她用五年，创造了属于自己的神话。可见，对于女人来说，情商的高度往往决定着成就的大小，要想取得大的成就，那么不妨提高自己的情商，不断地实现自我的超越。作为女人，如何做到这一点呢？

1. 认清自己，要对自己有绝对的自信

很多人之所以平庸，是因为她们不知道自己的潜力有多大，总觉得自己不行，干不了大事情，不可能做出大成就来。事实上，正是因为她们对自己认识不清，导致了她们的过分自卑。因此，对于女人来说，一定要对自己有一个清晰的认识，从而树立自己的信心，这样你才有胆量去做大事，这是取得成就的前提。

2. 相信自己，给自己一个梦想

生活中，我们常常认为女人很难做出点大事情，所以很多女人不敢有大的胸襟和抱负，就如同故事里的红霞一样，认为自己不可能有大的成

就。如果连想都不敢想，又怎么敢去做呢？因此，对于女人来说，要相信自己，给自己树立一个梦想，无论多大多小的梦想，有了这个梦想，你就有了目标，你就知道自己该往哪里去努力了。

3. 善结人缘，营建良好的人脉关系

尽管我们总是在说，一个人要想有所成就，就要付出努力。但是，一个人努力的程度往往并不能与成就画上等号，良好的人脉关系是你取得成就必不可少的因素，站在巨人的肩膀上，你自然能够看得更远。所以，作为女人，要想有一番成就，那么就要学会善结人缘，构建好自己的人脉关系，这能在关键时刻为你带来机遇。

4. 规划人生，让你的每一步走得踏实

生活中，我们看到很多人取得了很大的成就，往往会觉得好像天上掉了个大馅饼，砸着她们了。事实上，并非如此。她们之所以能够取得成就，那是因为她们有一个很好的人生规划，然后一步步地通过不懈的努力，最终攀登到了高处。因此，作为女人，要想让自己的人生也取得一定的成就，那么就要给自己制订一个计划，然后去努力，去超越。不知不觉，你会慢慢地发现，你也越爬越高了。

✿ 高情商的女人要有五种特质

同样是女人，有的女人一辈子活得潇潇洒洒、幸福美满，而有的女人却窝窝囊囊、饱受煎熬，人们常常把这些女人归结为命不好，其实并非如此。之所以有这么大的差异，关键在于女人的情商不一样。

所以，我们可以这样认为，女人情商的高低往往决定着她们人生幸福

指数的高低。因为对于女人来说，情商高了，她们才能够认识自己，调整好自己，才能明白自己是谁，需要什么，以及如何满足自己的需要，这是获得幸福的关键要素。

王晓凝大学毕业后，在一家锅炉销售公司找到了一份做销售的工作，可是半年时间过去了，和她同时来的很多同事，都取得了不错的业绩，唯独王晓凝没有做出一个单子。后来，经理找她谈话，说她情商太低，要她向别的同事多学习学习。

这一下可难坏了王晓凝。自己情商太低，是说自己太笨呢？还是说自己不懂人情世故呢？她想学习，但是谁的情商又高呢？于是她认真地审视了身边的每一个人，最终把目标定在了同事们中间最有心眼的王怡身上。

王怡平日里很少说话，但是心里想的事情却不少，属于典型的心思缜密的女人。在公司里她几乎不和任何人有利益相争，可是往往却是获得最大好处的人。一次，公司选拔主管，销售做的最好的两个女人争得很激烈，可是最终得到主管这个职位的却是一直默默无闻的王怡。

于是，王晓凝也学着王怡装深沉。可是她的脑子根本不够用，所以一段时间之后，业务能力不但没有提上去，而且还引起了同事们的反感。大家处处提防她，排挤她。渐渐地，她明白了，王怡并不是情商最高的那个人，自然不是她值得学习的对象。

随后，她又把注意力集中到了做销售最努力的小艾身上。每天早上，小艾总是最早来公司的，上班的时候特别认真仔细，销售也跑得最勤，销售业绩好也是理所当然的事情。

于是王晓凝也早早地来到公司，认认真真给客户打电话，一天忙碌着到处拜访客户。可是，半个月下来，人累的够呛，业绩却没有任何的突破。相反，很多有合作意向的客户，因为她的步步紧逼，而放弃了跟她合作。

这可让王晓凝郁闷坏了，到底谁才是情商高的那个人呢？她究竟该向谁学习呢？

故事里的王晓凝因为情商低，不会做销售，在经理的建议之下，她向情商高的同事学习，但是她没有找到究竟谁是情商高的那个人，所以，学习来学习去，也没有学习到一丁点的销售技巧。那么，对于女人来说，究竟从哪些方面能识别情商的高低呢？情商高的女人要有以下五种特质：

1. 认识自我，表现非常自信

一般情况下，情商高的人往往对自己的认识和剖析很清楚，她们知道自己的优点在哪里，不足在哪里，所以，在工作和生活中，总是能在自己的优势之处发挥作用，表现非常自信。因此，对于女人来说，不妨自信一些，自信是情商高的一种特征。

2. 调控自己，总是经常带着微笑

生活中的每个人，都有喜怒哀乐的情绪。但是有的女人往往被情绪所左右，常常大喜大悲，严重影响了工作和生活；相反，另外一些女人却能很好地控制自己的情绪，把自己的状态调整到最佳，她们不管是快乐还是郁闷，脸上总是保持着微笑，精神面貌非常好。所以，对于女人来说，要想做个情商高的人，那么一定要控制好自己的情绪，让自己看起来永远积极一些。

3. 心理素质好，能积极面对挫折失败

人生中难免遇到挫折和失败。有些女人在遭遇失败和挫折时，往往一蹶不振，陷入痛苦中无力自拔；相反，有些女人却把挫折和失败当做人生的历练，不管是失败还是成功，都表现得非常淡定。因此，对于女人来说，在经历生活的不如意的时候，不妨积极一些，让自己的心理承受能力大一些，能上能下，能成能败，这才是高情商的特征。

4. 洞悉人心，与人相处掌握主动

往往情商高的人，非常敏感，也是察言观色的高手，她们总能在短时间内迅速捕捉到别人的情绪变化，从而清晰地洞悉人心。这样，在交往当中，不管是说话还是做事，她们都能让对方感到喜悦。这样的人往往在社

交当中游刃有余，因为她们牢牢掌握着交往的主动权。那么，对于女人来说，要想让自己的情商高一些，不妨学会洞悉人心，这是高情商的特征之一。

5. 很有主见，很好的成为主心骨

有的人没有主见，往往在决策的时候受人左右；有些人却主意非常正，做了决定之后，态度很坚决。这样，在团队中，她们往往能左右别人，操纵别人，成为主心骨。事实上，这也是高情商的一种特征。因此，对于女人来说，要想让自己的情商高，那么不妨学会让自己有些主见，并且不要随便被别人所左右。

❋ 高智商PK高情商

常常的，我们说"知识改变命运"。而很大程度上，"知识"也可以解读成"能力"和"智商"。可是有的人却说"知识"并不能改变命运，而运用"知识"，让你的高"智商"发挥作用才能给你带来奇迹，也就是说要提升你的情商。对于女人来说，究竟是智商高的人有前途，还是情商高的人成就大呢？

华清和玉文是高中的同学，也是邻居，两人的关系非常的好。可是两人却有很大不同。华清的学习成绩非常好，年年是班里的三好学生，而玉文的学习成绩一般。高考的时候，华清考上了非常有名的外国语学院，而玉文只上了一个普通的本科院校。

大学毕业后，由于华清是外国语学院毕业的高材生，英语过了专业八级，而且口语交流能力也非常强，所以被某驻外机构聘为翻译。华清的工作不但清闲，而且薪水也是普通员工的两倍多。在很多人眼里，她应该算

是事业有成。

相反，玉文毕业于普通的院校，而且毕业之后，由于所学专业比较偏，找工作非常难。后来不得不在一家化妆品销售公司做起了市场销售。她每个月的收入也就刚够解决温饱的。

可是，五年之后，华清依旧在做她的翻译，而此时的玉文已经有了自己的一家公司，不但买了高档的别墅，而且还开起了豪华轿车。

这着实让很多人不解。事实上，原因很简单，华清的智商非常高，也正是因为她的高智商，她的所有注意力全用在了高智商的翻译工作上。而玉文的智商相对来说没有华清高，但她的情商却很高。她在努力工作地同时，为自己制订了发展的计划，积极经营人脉，为自己创造和赢得了很多发展的机会，终于一步步地走到了事业的顶峰。

故事中的华清和玉文是就高智商和高情商的代表。华清因为自己的知识丰富，智商高，所以在不断的钻研，却忽略了认识自我、超越自我，忽略了经营人脉，以及为自己赢得更大的发展机会。而相反，智商相对较低的玉文却避实就虚，不断提高自己的情商，最终成就了一番事业。那么，作为女人，如何处理好智商和情商之间的关系呢？

1. 千万别做读死书的书呆子

生活中，我们常见很多知识非常渊博的大学生，却找不到工作的事实。实际上，她们的智商很高，可是情商却很低，说白了，是读死书的书呆子。不懂得为人处世，不懂得如何为自己营造生存和发展的环境。因此，作为女人，在拥有丰富的知识、较高的智商的同时，还要学会经营自己的生活，提高经营自己的事业的能力。这就是所说的情商。

2. 把学来的知识用到生活中去

知识并不能改变命运，而是应用知识才能增加力量。当然，这里的知识不仅仅包括科学知识，还包括社会知识。比如如何去塑造自己的价值观，如何去经营自己的人生，如何去赢得人脉等。这些知识在书本中是可以读到的，但是要学以致用，才能提高你的情商，只有你的情商提高了，才能展示知识的力量。

3. 知识丰富也要懂得人情世故

就拿做生意来说，很多高学历的人往往做不好生意，而一些相对来说低学历的人却能在生意场上应付得游刃有余。究其原因，是因为高学历的人往往被自己的知识所禁锢，觉得应该怎么样，不应该怎么样。而低学历的人却没有那么多的应该不应该。这样，做起事情来就会灵活很多。所以，对于女人来说，在学习了丰富的知识的同时，还要懂些人情世故。

4. 用知识处理好与他人的关系

人活着无非是经营着两种关系：自己和自己的关系，自己和他人的关系。当然我们提升自身的文化素质是在处理自己与自己的关系。同时，我们也要会用学来的知识处理好与他人的关系。这样，你的智商才能为你的情商服务，发挥更大的效用。所以，对于女人来说，要学会用自己的知识帮助别人，修身养性去善待别人，这才是在提高自己的情商。

情商影响女人的命运

尽管一个人的命运不完全掌握在自己的手里，但是提高情商却能改变你的命运。尤其对于女人来说，如果你情商很低，那么无疑就会成为男人世界的陪衬品，从而失去自我。相反，如果你不断地提升情商，不断地超越自我和抓住机遇，那么你便很有可能有一番作为，赢得人格上的独立和尊重。所以，从这个角度上说，情商影响着女人的命运。

高中毕业之后，夏雨并没有和别的女孩子一样去上大学。一来家里的经济状况很有限，二来大学毕业之后可能依然找不到工作，所以她选择了打工。半年之后，在爸爸妈妈的安排之下，夏雨结婚了。

和她一样，丈夫家在农村，尽管他有做木匠活的手艺，但是大多数的时间还是在家务农。这样，夏雨和丈夫一起，努力经营着那几亩土地。

三年之后，夏雨有了一个两岁大的儿子，可是生活却越发的紧张了。如果不是夏雨在一次偶然的机会去城里参加同学的聚会，她也许这辈子就这样生活下去了。

那天，她参加了高中同学的聚会。当时去的同学们非常多。在跟他们的聊天中，夏雨才知道，很多同学现在都生活得很不错。有些参加了自学考试，拿到了大学的文凭，当上了白领；有些自主创业，现在已经是小老板了。唯独只有她嫁到了乡下，成了一个只懂得修理地球的乡下女人。

回到家里之后，夏雨做了一个惊人的决定。她把几亩土地让给了婆家人去打理。自己带着丈夫和孩子在城里租了个房子，住了下来。在朋友的帮助下，她给丈夫找了个做木匠活的工作，而她自己则在一家超市里当起了售货员。

而且，在工作之余，她开始了自学考试。同时，她将丈夫赚来的钱和工资存了起来。五年之后，夏雨利用手里攒起来的钱开了一家自己的服装店，生意红红火火。而且这个时候她的大学学历也顺利地拿到了手。

刚好这一年，政府为了解决大学毕业生的就业问题，开始大规模招考公务员，夏雨也报考了。巧的是，她在这一年就考上了，并被分配到了财政局，从此成了真正意义上的国家的人。不但有了地位，而且生活也有了保障。当然，她的生意并没有落下。

就在她当了公务员之后的第二年，她把工资和做生意赚的钱攒起来，买了一套属于自己的房子。如果当初不是参加了那次聚会，或许这个时候的夏雨还在整天忙着经营土地，她的生活不会发生翻天覆地的变化。

故事里的夏雨高中毕业之后，就选择了结婚，而且有了孩子，过上了农村生活。但是，她在参加了一次同学的聚会之后，对自己进行了剖析和反思，进而开始不断地进取。在这个过程中，她不断提高自己的情商，最终改变了命运。可见，对于女人来说，情商的高低直接影响了她们的命运，决定着她们这辈子为什么活着以及过怎么样的生活。那么，作为女人，为了改变自己的命运，究竟该如何提高自己的情商呢？

1. 不要随便认命

很多人在生活不如意的时候，总是说，命中注定的。事实上，这不过是自我慰藉罢了。对于女人来说，不要随便认命。要相信命运完全掌握在自己的手里。尽管你不能决定自己的出身，但是你能选择自己的发展。如果你想让自己过更好的生活，想要取得更大的成就，那么，就要去拼命努力。如果认命了，人生或许也就这样结束了。

2. 努力改变自己

俗话说，勤能补拙。作为女人，如果你对自己不满意，对自己的生活不满意，对自己的工作不满意，对自己的婚姻不满意。那么你就要去通过努力不断地去改变。比如多赚钱提高生活的质量，努力学习技能，选择更好的工作，多进行情感建设等，这个过程实际上就是在提高自己的情商，改变自己的命运。

3. 一定要抓住机遇

对于很多人来说，机遇往往是命运的转折点。同样，对于女人来说，要想改变自己的命运，那么就要抓住身边的机遇。比如故事中的夏雨，在不断提高自身素质的同时，抓住了机遇，考上了公务员，从而让自己的命运发生了翻天覆地的变化。事实上，这也是在提高自身的竞争力，实现自我超越的一种表现，当然，也是在提高情商。

4. 对未来充满信心

对于女人来说，或许你现在的处境不是很好，或者说薪水不是很高。但是千万不要认命，要对自己的未来充满信心。事实上，当你对未来充满自信的时候，你就会发现自身的不足，就会发现现在和将来的差距，你就会不断地努力去缩小这个差距。在这个过程中，你的命运也在发生着变化。

❋ 情商是女人人际交往的好帮手

在人际交往当中，作为女人，如果你不能很好地控制自己的情绪，那么就会给别人留下不好的印象。同样，你如果不能把握别人的情绪变化，你就不知道对方的心里在想什么。这样，你在交往当中就不懂得把话说到对方心坎上，把事做得圆滑些，事实上，这样你就失去了社交的主动权。所以，我们可以这么说，情商是女人人际交往的好帮手。

在一次的主任竞选中，表现优秀的羽翼意外落选了。当这个消息被公布的时候，羽翼有些眩晕，她非常愤怒。因为她知道，她的竞争对手表现平平，但是却和领导有着千丝万缕的关系。

但是，最终她强忍住了心中的怒火，微笑着和自己的竞争对手握了手，尽可能地表达了她的友善，这让在场的人都感觉到了她宽广的胸襟，留下了非常好的印象。尽管她没有当上这个主任，但是她从来没有把自己的不满和哀怨表现出来。

没过多久，领导把羽翼叫进了办公室，给她安排了一份非常棘手的差事。在很多人想来，可能是领导故意打击羽翼，但是羽翼并不这么认为，如果自己没有能力的话，领导会这么重视自己吗？

果然，当羽翼出色地完成了任务后，领导任命她为项目负责人。这个职位远比之前失去的主任要实际得多，而且直接领导着主任。

一次，领导在和羽翼的谈话中说："你知道我当初为什么选定要你去完成那件棘手的任务吗？"

羽翼笑着说："当然是领导信任了。"

领导笑着说："你说得没错，当然这也是因为你的能力强，表现优秀。但是，也并非全是因为这个。"

羽翼不解地望着领导没有说话。

领导接着说："之前，在竞选主任的时候，你表现很优秀，可是却落选了。实际上，那是我故意在考验你，看看你能不能承受得住打击，看看你在遭受了挫折和失败之后会不会抱怨。你知道，这些是一个优秀的领导人必备的素质。"

羽翼不好意思地笑了笑。

领导说："我知道你当时心里一定很气愤，但是却没有表现出来，也没有抱怨什么。所以后来我才会让你去完成那件比较棘手的任务，以此来对你做再次的考验。结果你的表现真得很不错。"

故事中的羽翼在遭受到不公平待遇的时候，没有愤怒地和领导争吵，给领导留下了好印象，同时也为自己赢得了机遇。当然，这不仅仅是她自制力强、素质好，还有一个重要的原因，是她洞察了领导的心。可见，调控自己的情绪以及洞察对方心理是一个人拥有良好人际交系的必备条件，当然也正是情商对改善人际关系方面的作用。那么，作为女人，究竟如何通过增强情商来提高自己的人际交往能力呢？

1. 有点城府，不要让情绪写在脸上

很多时候，我们内心的喜怒哀乐往往能从脸部的肌肉变化上表现出来。比如，高兴快乐的时候，嘴角会上扬，眉梢会上扬，眼睛里有光；郁闷悲伤的时候，嘴角会下拉，眉梢会下垂，眼神很空洞。因此，对于女人来说，一定要控制好自己的情绪，不管什么时候让自己表现得淡然一些，有些城府，把你的表情隐藏起来，从而给别人留下好印象，提升你的情商。

2. 保持微笑，用微笑的表情遮掩内心

一般情况下，人们在微笑的时候往往心情会愉悦。同样，即使你不开

心，你的表情也会因为微笑而把不悦掩饰了起来，这无疑很好地保护了自己。因此，作为女人，一定要时常保持微笑，以此来调控你的情绪，掩饰你的内心情感。当你锻炼一个阶段之后，你会发现，你完全能控制住自己的情绪了，你的情商也相应得到了提高。

3. 察言观色，话里话外听懂别人真实意思

要想在人际交往当中占据绝对的主动，那么除了可控制自己的情绪，给别人留下好印象之外，还要学会察言观色，听懂别人话里话外的意思。这样才能在说话的时候，把话说到对方的心坎上，对对方起到很好的驾驭。你要明白，事实上这就是提高了情商，会给你的社交带来最大的益处。对于女人来说，一定要学会察言观色，听懂别人说话的真实意思。

4. 未卜先知，把事情做到别人的欲念之前

在人际交往当中，如果你能把事情做到对方的欲念之前，让别人心里愉悦，想想对方会怎么感激你，重视你。事实上，这时候你已经完全牢牢掌控了交往的绝对主动权，对别人实现了驾驭和控制，这对你的社交来说是巨大的飞跃。因此，对于女人来说，要想提高自己的人际交往能力，不妨提高你的情商。

❋ 聪明女人不可不知的情商提升方法

毋庸置疑，一个情商高的女人，她的人生价值也会无限度的增高，一生的成就也相应地不断增大，在为人处事的时候也会张弛有度，游刃有余，能最大限度地获得别人的欣赏和支持，走向人生的辉煌。那么，对于女人来说，究竟如何提高自己的情商呢？有什么方法和技巧可以学习和遵

循呢？

海伦是一个美丽大方的女孩，更为主要的是她工作能力强，也很努力，但是却常常遭到指责。海伦的上司胡悦是个非常刻薄的女人，她非常喜欢被人奉承，而海伦又恰恰不会奉承，胡悦对海伦所有的工作都鸡蛋里挑骨头，不但不给予鼓励，反而时常给海伦泼冷水。

有一次，海伦主动搜集了一些业务资料，分析报告给胡悦，而胡悦不但没有赞赏海伦主动工作，反而还批评她不专心本职工作。

海伦心里极度压抑，几次想辞职不干，可是最终她还是咬咬牙留了下来。海伦不想任由情绪自甘堕落，决定进行自我调节，让自己找回风采。

这天，公司组织了员工文艺比赛，海伦也积极报名参加了，可是很快，她就被胡悦从报名册上删除了。直到彩排的时候，海伦才知道原来是胡悦给卡下来了，于是去问胡悦，胡悦吼道："就你那水平，跑上去干什么啊，给我丢人现眼。"

海伦非常委屈，默默地离开了。由于海伦平日里和同事们的关系非常融洽，当得知这件事情的时候，同事们联合签名推荐海伦，可是胡悦依旧不同意海伦参加。后来，这件事情传到了上层领导的耳朵里，就这样海伦获得了一个参加的机会。

比赛那天，海伦非常紧张，她表演的古筝演奏，事实上已经是信手拈来，但在胡悦的长期压抑下，海伦非常不自信，再加上自己身上承载着同事们的希望，海伦的心扑通扑通直跳，脑子里一片混乱。

轮到海伦上场了，她站了起来，深深地吸了一口气，走向舞台。尽管她心里七上八下，但是她有意识地告诉自己：我很棒，我是最优秀的，我一定能行。海伦的心情渐渐平静了下来，她镇定自若地走上台去，洋洋洒洒弹奏了一首曲子。

结束后，台下爆发出雷鸣般的掌声，海伦激动地哭了，她太需要这样的鼓励了。

故事中的海伦，由于一再遭到女上司的否定和挤压，自尊心和自信心受到了极大的打击，非常自卑。这时候，她得到了同事们的支持，获得了

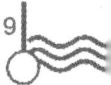

机会，同时，她也积极地进行自我激励，调整到了最佳的状态，以出色的演出证明了自己。可见，对于女人来说，要学会对自己进行经营，同时还要经营好与周围人的关系，这样你才能得到更好的生存和发展空间。那么，作为女人，如何做到这一点呢？

1. 积极进行自我肯定

生活中，很多时候因为自己的表现不够优秀，或者被别人长期的否定，女人往往会比较自卑，总是怀疑自己。这时候，作为女人，要学会不断地对自己进行积极的自我肯定。比如回想曾经的优秀表现，对自己有个美好的期待，不时对自己说"我是最棒的"，在这样积极的自我暗示中，你的信心会越来越足。经营好自己的心就是提高情商。

2. 努力让自己变得优秀

如果你不够优秀，不够突出，那么就要积极地努力，通过努力，不断提升你的能力，挖掘你的潜力，让自己表现出优秀一面。作为女人，只要你表现出自身的优秀，就会获得别人的肯定和认可。对于女人，要想提高自己的情商，那么就要付出你的艰辛努力，经营好自己，让自己变得足够优秀。

3. 正确面对生活的打击和挫折

生活中，难免会遇到挫折和打击，作为一个高情商的女人，往往懂得调整好自己的情绪，避免因为你的伤心和抑郁而影响到工作，同时，也不会让这种不健康的情绪去影响你周围的人，进而毁坏你的形象。调控自己的情绪，让自己的心理保持健康，就是提高情商的良好方法。这一点，作为女人，一定要清楚。

4. 与周围的人尽可能和睦相处

一个情商高的女人，通常周围的人际关系会非常好。她们一般都会得到别人的肯定和支持，和谐的人际关系往往对一个人的生存和发展起着至关重要的作用。事实上，会处理人际关系也是一个人走向成功和辉煌必不可缺的技能。因此，作为女人，要想提高自己的情商，那么就要正确处理你和别人的人际关系。

❀ 女人，测测你的情商指数

生活中，谁都不愿意承认自己的情商不高，似乎想想自己也能够很好的经营自己，处理好与别人的人际关系。但是，不可否认，生活中有的女人情商很高，能很好地经营和打理好自己的人生；而有的女人的情商却很低，生活过得一团糟。作为女人，要想知道自己的潜力到底有多少，不妨测一测你的情商指数。

慧伦是个能力非常强的女人，工作中表现非常出色，或许也正是因为这个缘故吧，她恃才傲物，非常骄傲，看不起同事，甚至连经理都不放在眼里。但是由于她的能力强，为公司创造的利润大，所以大家平日里也不去与她计较，领导也礼让她三分。

这次，公司高层进行了调整，一个副经理的职位缺了下来。慧伦来到了总经理的办公室，傲气地说："总经理，我觉得这个副总的位置应该属于我。"

总经理说："你的能力强，这是有目共睹的，但是如果就这么把这个职位给你，恐怕会让别人不服气。这样吧，我给每个人一个公平竞争的机会，你要是足够优秀，自然会脱颖而出。"

于是，公司总经理很快把竞选的标准在公司里宣布了出来，要求参加竞选的人必须在一个月之内销售额达到100万，而且要带领一个团队实现整体的突破。报名竞选的一个是公司的行政主管，还有一个便是慧伦。

由于做销售不是行政主管的强项，所以半个多月过去了，销售额只做到了20多万，而慧伦是销售出身，此时已经做到了80多万。这天，慧伦见了行政主管，将她狠狠地讥笑了一番，行政主管只是笑了笑什么话也没有说。

一个月的时间到了，慧伦早早完成了销售任务。她原本以为行政主管会败下阵去，可是行政主管也奇迹般地完成了任务。原来，行政主管平日里人缘非常好，很多销售员自发地帮助她。同时，也正是因为这个原因，在行政主管的带领下，她所在的团队取得了很大的突破，而慧伦却没有得到团队队员的支持，团队业绩不但没有实现突破，甚至表现更差。

这样，副总经理的职位自然落到了行政主管的身上。当这个消息一公布，公司里的员工欢呼雀跃，而慧伦却灰溜溜地离开了，没有一个人同情她，安慰她。

故事里的慧伦仗着自己的业务能力强，骄傲自满，把同事和领导不放在眼里，结果却因为没有人缘，最终与副总的职位无缘。可见，有能力并不代表你的情商高，适合当领导，相反，会做人，有涵养，懂得尊重别人的人才是情商高的人。那么，作为女人，究竟如何测定自己的情商指数是高还是低呢？

1. 看你是否有积极的生活态度

一般情况下，情商高的女人往往生活态度非常积极。不管生活是否能如愿，她们都会开心快乐，都会以饱满的热情去迎接。因此，对于女人来说，要想知道自己的情商究竟是高还是低，不妨审查一下你对待生活是否很积极，你的快乐是否会大于你的痛苦。如果你感觉到生活很幸福，很快乐，那么，你的情商指数就很高。

2. 在挫折面前你是否真的勇敢

生活的挫折和打击是每个人都避免不了的事情。有些人面对挫折和失败的时候，往往感觉到很痛苦，无法承受，显得被动。而情商高的人却能很好地转换心态，把痛苦当做享受，处理好自己的情绪，主动接纳和承受。因此，对于女人来说，你不妨看看你在挫折和失败面前的态度便能知道你的情商究竟是高还是低了。

3. 看你是否有良好的人际关系

情商高的人往往很受周围人的欢迎，因为他们善待周围的人，宽容他们，因而得到他们的赏识和认可。事实上，一个人为人处事的能力高低往往能决定一个人成就的大小。因此，作为女人，如果你不知道自己的情商是高还是低，不妨看看你是否和周围的人保持着良好的人际关系。你的人际关系越和谐，代表着你的情商指数越高。

4. 看看你是否足够优秀

尽管能力强并不代表情商也高，但是情商高的人往往是能力强的人。他们表现非常出色，往往是人群中的佼佼者。也正是因为他们能力强，所以能赢得自己的肯定，更能赢得别人的认可。因此，对于女人来说，要想知道自己的情商指数高不高，不妨看看你自己是否真的很优秀。

第 2 章

幸福情商：
女人不让幸福稍纵即逝

女人生活在这个世上，最大的愿望就是能够得到幸福，可什么是幸福呢？智者说："幸福是一种感知力。"幸福和人的思想、态度、心境有很大关系，然而究其根本，一个女人的幸福与否还是取决于其情商的高低。情商高的女子，不需要每天念叨着想要幸福，她们会利用一切机会去结交朋友，充实自己的生活，她们因为自己的商情商而把幸福把握在自己的手里，使自己始终处于幸福之中，而不是让幸福稍纵即逝！

✿ 女人幸福的十全九美

对于幸福的定义，追求什么样的幸福，每个女人都有自己的标准。女人对于幸福的追求除了家庭和理想外，更渴望完美的爱情。通过一段完美的恋情最后携手走进婚姻的殿堂，和自己的挚爱一起看着夕阳结束一生，这应该是大多数女性对幸福的一种描绘。这样的幸福的确十全十美，但是生活毕竟是现实的，很难有那么多的完美等待你，所以当一个女人为自己的幸福标准定得过高而又不能实现时，往往会遭遇挫折和失望。因此在追求幸福时不妨实际一些，例如十全九美的幸福也是非常美妙的。

1. 女人的幸福是什么

关于这个问题，人们已经不厌其烦地讨论了一轮又一轮，随着人们的观点不断地碰撞，人们对问题的认识也是逐步深入。到底什么是女人的幸福？关于幸福又有哪些观点呢？

（1）找到一个能够与自己产生共鸣的人

有的女人认为找到那个能与自己产生共鸣的人就是幸福。这个人能够走进你的生命，让你不由自主地接受他，并且能够感受到他对你的身心产生了一种滋养的效果，尤其是精神上有一种升华的感情；与这个人在一起你们不用说很多话，但是能够默契到每一个眼神，可以心照不宣地开怀大笑，并且能够一起品味这种轻松的心情；他还能够在你心情很糟时陪在你的身边，倾听你的心声，让你觉得他是一个能靠得住的人，是可以和你牵手的人。很多女人为了寻找能够与自己心灵交融的人而排除万难，勇敢前行，这种对爱情与幸福的追求从未停止。

（2）幸福是一种状态

有的女人认为幸福是一种状态，在这种状态下，自己能够热爱生活，爱自己，善待别人。不过能够有如此精神特质的人一般都是经历十分丰富的人，这样的女人也许不再年轻，在见过了大风大浪和社会的是是非非后，她们将生活中的种种都看得很透彻，从而变得非常阳光，一种成熟端庄的气质让人感到她们的气场。这种女人在一些社交场合往往是非常抢眼的，她们优雅的气质使她们的一举一动都牵动着在场的每一个人的心。这种女人的心态其实是可以理解的，因为她们在经历了千难万苦之后，便能够体会到那种平平淡淡的重要性，那种简简单单的幸福亦是非常难得的。

（3）幸福与家有关

有些女人认为拥有一个充满感情充满爱心的屋子才是幸福的，因为在她们看来，一个装潢华丽、面积很大的房子，如果里面的人却冷冰冰的，那么还不如一间温馨的茅草屋。所以在这样的女人看来，她们更注重一个温暖的家，家庭和睦，家里人能够彼此爱护，同风雨共担当才是真正的幸福。

2. 十全九美的幸福

现在很多价值观在被人们误解，甚至扭曲，例如在江苏卫视热播节目《非诚勿扰》中"拜金女"闫凤娇曾说过"没有钱你怎么给我幸福"。事实上，真正能给人们带来幸福的，恰是一些钱财无法购买的东西，例如健康、爱、欢乐、生命，一旦失去，世界上任何的保险都赔偿不起。所以，不要把金钱和幸福绑在一起，这样会将追求幸福的心迷失在对钱财的追逐中，反而距幸福越来越远。幸福的标准总会因人而异，有所缺憾，就像世界上所有的事物都未必十全十美，所以与其向往十全十美的童话，不如安心享受十全九美的幸福。

女人要追求幸福，这种幸福不一定要十全十美，俗话说"期望越高失望越大"，所以女人的幸福可以是十全九美的，抓住机会，不要让幸福的机会从身边溜走。

❋ 单身女人别样的幸福

单身的女人头脑是清醒的，因为这样的时候你能够清楚自己想要什么，在这个阶段你可以更好地维护你的人际关系，能够和你的朋友分享快乐，能够腾出更多的时间去关心你的家人。幸福，并不仅仅指爱情，所以，在时机没有到来的时候，在没有遇到那个真正适合自己的人的时候，不要盲目地以追求幸福的名义去爱，因为到头来，你会遍体鳞伤，所以要好好地享受这种"寂寞"。其实，单身的时候，你的幸福就像汩汩的泉水，源源不断。

1. 能够自得其乐的人是幸福的

这种人有一个特点，那就是她们什么时候脸上都带着笑容，这种笑容非常温暖，似乎能够融化世界上任何坚硬的东西。她们的身上还有一种光芒，和她们在一起，你会有一种亲切感，会让你感觉非常轻松，没有任何拘束感。很多男人很帅，但是他身边的女友却是相貌平平没有什么特色，这就是一个人的内在在起作用。这些女孩虽然没有出众的外表，但是她们个性开朗乐观，思维方式积极向上，这就是她们依然能够出众的原因。所以作为一个女人要学会内修，要知道怎么让自己找到适合自己的生活状态，要懂得如何让自己快乐地生活。

小静刚刚大学毕业，她至今仍单身，原因就是她一直信奉"宁缺毋滥"。在她看来，如果找不到那个真正适合自己的白马王子，可以一辈子不结婚。其实这是一种气魄，这种气魄不是每个女人都会有，是需要一个女人耐得住寂寞，经得起考验，有一颗强大的内心才能做到的。不过，小静并没有因为单身而感到寂寞或者找不到幸福，她的生活很简单，她经常会因为"在网上找到了一件自己穿上非常漂亮的衣服"、"收到了朋友送的巧克力"、"和家人一起到风景名胜旅游"而感到非常幸福。

其实，生活就像小静这个人一样简简单单，而幸福本身就存在于这些简简单单的小事中，点点滴滴地存在。现在很多人之所以会说自己感到很寂寞，很空虚，很大程度上是因为社会发展迅猛，竞争越来越激烈，人们的生活压力越来越大，越来越不能淡定。很多女孩子把自己的幸福和属于自己的那个白马王子联系在一起，认为只有找到适合自己的那个男人才能真正幸福。当然这样的想法并不是不正确的，因为有一个爱着自己的男人的确是一种幸福，但是如果没有合适的男人时，还在痴迷着一些缥缈的东西就略显愚蠢了。所以，不要因为生活的杂乱而乱了自己的阵脚，一个女孩子要心细，不要忽略了那些散落在生活中的小幸福。很多人会非常疑惑地问自己一个问题：我们的生活条件比以前好多了，衣食住行都很时尚，为什么幸福感却降低了？其实这就是人们的注意力被转移了，忽略了那些细小的散落在生活中点点滴滴的幸福。

2. 不要自我封闭

很多女性在单身的时候喜欢将自己封闭起来，也许是曾经受到了伤害，也许是对未来的未知充满了担忧，她们会选择给自己营造一个空间，然后把自己的心和外界隔绝起来，从而展现给人们一个并不是自己的自己。其实这样的女孩很难培养幸福感，她们生活得并不真实，她们只是在封闭中寻求自我麻醉，只有真正走出来才能看见更明亮的阳光，否则，她们将一直不能获得属于自己的幸福。

所以，一个健康的女孩子要用一颗平和的心去面对世间的所有不如意，要勇敢地坦然面对自己的人生，有一颗积极乐观的心，在走路时不要只是低着头想着沮丧的事情，不要以为这样可以捡到钱，要抬起你的头，直视前方，记得不要忘记留意和欣赏路边的风景，这样才能自得自乐。

一个女人，无论是单身、结婚，还是离婚之后恢复单身，你都可以做一个幸福的人，因为幸福的权利在你的手里，是你自己说了算的。不要因为单身就妄自菲薄，不要消极，不要放弃，积极地去积攒你身边每件小事带来的幸福感，一点点积累起来，你会发现自己在逐渐变成一个幸福的人。

❋ 作为女人你是否懂得享受

女人生性敏感，女人的细致、认真是男人难以匹敌的，这让女性在某些方面相对于男性要有很大的优势。但是这些特点亦是一把双刃剑，从某些角度来看，这些特殊的性格特征会使女人陷入一种多疑、偏执的境地，这会让女性变得心胸不够开阔，情感上更加脆弱。所以，女性要学会在生活中调节自己的状态，不要被一些事情蒙蔽了自己的眼睛，从而任自己的冲动破坏自己的情绪，生活上更加糟糕。作为一个女人，不要太辛苦，因为等你结婚有了自己的家庭后，会比单身要承担更多的辛苦事务，所以要学会享受，要懂得享受。

1. 做好自己，不该想的不要多虑

女人在爱自己男人的时候会非常用心，这也会产生一种现象，那就是自己男人的一举一动她都要全方位掌握，这样她才会感到踏实、放心。可是这样做往往会让自己感到疲劳，因为有好多事是不需要付出那么多精力的。

小容和丈夫结婚两年了，由于丈夫升迁，小夫妻分到了新的房子，于是就开始忙活搬家的事。在这个过程中，小容偶然发现了丈夫的一本日记，这本很旧的日记记录了丈夫和以前的恋人之间的一些事情，从她合上这本日记的那一刻起，她的内心就再也没有安宁过。从此，她每天都会审

问丈夫这是怎么回事，而她自己则反反复复把日记看了一遍又一遍，熟记在心，走到哪里，都会回想起丈夫是否和别人来过这里、做了什么等。这让小容感到非常痛苦，她开始彻夜难眠，白天工作也是人在心不在。他们已经有了孩子，她不想离婚，但是自己不能原谅丈夫，这样相互折磨，丈夫也感到痛苦万分。

小容的痛苦是可以理解的。这并不是一个个案，而是现实存在的一个问题，许多女性虽然没有像小容那么极端，但是她们也常常会对男朋友或者丈夫的忠诚产生怀疑，也就是很没有安全感，从而会去胡思乱想。这样的女人不仅缺乏对他人的信任，更缺乏自信。其实这些时间很多时候是不应该拿来浪费的，因为一个人工作生活的时间本来就已经十分有限，再加上互相猜忌，不信任，那么用来享受幸福的时间就更是少之又少。所以作为一个女人，不要把太多的时间放在那些没有意义的猜测上，做女人完全可以不用这么累，因为有一个方法可以使这种现象得到扭转，那就是让自己优秀起来。这样一来，不仅使自己本身更加完善，而且能够使自己对丈夫的吸引力更大，从而使丈夫能够死心塌地和你在一起，这样一来也使自己能够获得自信，这就形成了一个良性循环，从而能够享受生活的甜美。

2. 有问题要及时解决

作为女人要学会享受生活，要想做到这点，很重要的一个环节就是在遇到问题时，要能够及时地去解决问题。有的夫妻在生气之后，会互相不理睬，时间久了，会让误会加深，问题更加严重。所以真正懂得享受生活的女人会在问题出现后与自己的男人沟通，让男人认识到错误，这样做不仅能够一同找到解决问题的办法，而且在一定程度上能够促进彼此的感情，这样的过程也是享受生活的过程。

3. 心胸开阔快乐多

有的时候女人会嫌自己的男人很脏，不讲卫生，逼着他去洗澡或者做些清洁工作。有的女人会在周末吃饭完后逼着自己的丈夫去洗碗，或者会催促丈夫去打扫卫生，如果丈夫不做，那么自己就会感到非常恼火，因为平时都是自己在做着这些事，从而感到委屈。其实这都是很没有必要的，因为如果他不愿意去做，那么就不要勉强了。自己做了，但是可以让他知道，从而使他能够心存感激，这就够了。所以，要心胸开阔，这样才能享受生活。

4. 懂得幽默老公爱

女人温柔可爱本来就是一种吸引男人的资本了，女人如果懂得幽默，那么就更加有内涵了，这样就更受男人的喜爱。幽默不仅在适当的时候调节氛围，而且可以促进彼此间的感情，使感情更加融洽。在欢声笑语中与自己爱的人相处，这本身就是一件享受生活的事情。

女人，要懂得如何生活，要学会好好生活，更应该知道怎么去享受生活。

❋ 多一个朋友，多一分幸福

俗话说"多个朋友多条路，多个冤家多堵墙"，多结交朋友可以让自己发展的路子更开阔，所以作为一个女人，不能只局限于自己那个小生活圈子，要通过自己的朋友认识更多的朋友，从而使自己的人际圈更加发达。这样做一方面可以拓展自己的交际面，另一方面，也是更重要的一点，那就是你能够在这个过程中认识一个或者几个与你志趣相投，能够产生共鸣的朋友，这就是你的福气了。因此，作为一个女人，要重视朋友，多一个朋友，多一分幸福。

1. 女人与同性朋友

美国心理学家开瑞·米勒博士在一次调查报告中公布，87%的已婚女人和95%的单身女人说，她们认为同性朋友间的情谊是生命中最快乐、最满足的部分，这种情感关系为她们带来一种无形的支持力。让女人最放松、最舒适的减压方式，既不是健身操，也不是长途旅游，而是向同性密友开怀倾诉。

米勒博士说："同性朋友间的亲密关系，作为一种预防性措施，一种对于免疫系统的支持，能够降低疾病对你的威胁。一个人要保持身体健康，不仅需要锻炼身体和科学的饮食，同时更需要加强对友谊的维护；由于女人和同性之间的沟通更开放、自然，并且能够给予对方同等的回馈，所以这种亲密关系更容易在女人和女人之间产生。"

很多经常给人一种轻松宜人姿态的女人生活中都会有一大帮同性好友，她们工作之余会在一起聊天或者游玩，这些朋友在她看来是宝贵的财富，是要自己珍惜的。其实这种女性的做法是很值得提倡的，因为现在社会节奏快，人们的压力大，常常会因为压力而影响了好的心情，这时候通过与朋友交流，就可以缓解这种由于紧张造成的压力，从而使自己心情得到放松。

赵薇和周迅是曾经的"四小花旦"，是现在的"四大花旦"。银幕上两人合作十分默契，私下里两人的关系也是非常亲密的，很多时候两个人的亲密照会被网络或者其他媒体曝光。两个女星平时比较低调，有什么事都会在一起交流，这种关系就像涓涓细流一直保持着。徐静蕾也曾经被誉为"四小花旦"，现在是导演兼演员兼才女，她和赵薇两个人交情也不错，同样毕业于北京电影学院的两个人总有些特殊情分，关系很近。赵薇和王菲的友情是娱乐圈众所周知的，赵薇欣赏王菲的个性，王菲也喜欢赵薇的性情，两个人成了无话不谈的好朋友、好姐妹，就连王菲选择李亚鹏都要参考赵薇的意见。

赵薇如今能够取得令人瞩目的成就离不开她自身的努力，同时还有一个重要的原因，那就是她有很多的女性好朋友。因为作为艺人本身就是非常有压力的，那么在经过大起大落后的赵薇能够在今天风采依旧，很大程度上离不开这些同性朋友的陪伴。同样的道理，一个普通的女人有她自己的生活和故事，那么在这些故事演绎的过程中会遇到各种各样的问题，心中难免会有压抑，那么自己扛，对于一个女人来说困难是有的，另外再加上一些因素不能和自己的异性朋友讲，所以拥有亲密的同性朋友是非常必要的。

2. 女人与异性朋友

女人不仅要有同性朋友，一些异性朋友也是很必要的。

著名影星戴娇倩在她的博客中说："人们说异性之间没有真正的纯洁的友情，而我偏有那么几个要好的犹如兄弟般的异性朋友，他们是我的同学，我们认识并交往至今已经十几年了，他们有时候更像我的亲人。我们生活在不同的城市，但彼此的问候从不间断，偶尔的相聚便是我们说不完话的时候。因为他们是我的朋友，自然他们的妻子也成了我的朋友，他们的父母和孩子也成了我生命里亲切的人。年轻的时候他们对我也许有过幻想，有过追求，但我觉得朋友是朋友，恋人是恋人，恋人代替不了朋友，朋友也代替不了恋人。我喜欢这种淡而深远的异性友情，它让我每天都有好心情，催我上进，更让我永远保持年轻的心态去生活，和他们在一起，可以谈天说地，可以诉说烦恼，可以谈彼此家庭，但唯独不谈及个人感情，我很珍惜这份难得的友情。"

其实，异性之间是可以成为好朋友的，只要平时距离保持得适中，拿捏得当，异性朋友是能够为生活添彩的。

生活中，每个女人都有自己的朋友，在每个女人的心里朋友都有很重的分量。一个女人一生能拥有几个或者更多真正真诚的朋友是她一辈子的财富。也许朋友的话有时很尖刻，但是却非常真挚，意义深刻。有的朋友也许平时关系非常平淡，但是却能够一辈子都珍惜彼此，朋友是上天送给自己最好的礼物，多一个朋友，多一分幸福。

✿ "傻"一点的女人更幸福

有一句话说"傻一点的女人更幸福"，其实这句话不是说女人真的傻，而是女人要知道在什么样的时候做什么样的事，不要让男人觉得自己精于算计，或者非常难以驾驭，因为这往往会让男人们选择远离。无论外表文弱还是强悍，男人都希望找到一个能够让自己保护的女人，能够给予女人内心渴望的那份安全感，在男人看来，这种保护自己心爱女人的行为是非常合理的。所以，女人要了解男人的这种心理，不要总是表现出精明强悍的一面，要学会示弱，或者"傻"，让男人觉得女人非常需要他们，这样，他们就会非常喜欢在你的面前展现他们的气概，从而愿意去呵护你不愿离开。

女人要想赢得男人的爱，可以适当地"傻"，下面就给您提供几种"傻"的方式：

1. 不要过于强势，精明的女人不惹人爱

有一种男人，社会上形容他们是"外面的窝囊废，灶炕里的英雄"。这样的男人有一个特点，那就是在外面不能有所作为，到家里就开始装大爷，威风八面逞英雄，这是让女人最为反感的。那么对于女人，同样是这样的道理。现在很多女人在职场上很强，她们也许习惯了自己的角色，下班后回到家里还没能转变自己的角色，于是对自己的男人也是颐指气使，让男人非常不爽。其实，这样做是会招致男人反感的，在家里，要保持女人自己的本色才是女人真正要做的。也许你在外面非常威风，但是回到家里就要收一收了，做一个贤惠的妻子，才能有一个幸福的家庭。另外，女

人在男人面前不要表现得那么精明，这样会引起男人的戒心，他们在外面奔波本来就十分疲惫，身后需要一个让自己信任的人和自己建造的温暖的家，所以如果回到家里他还需要和你来回算计，那么他们会厌烦和你在一起。

2. 凡事不要太较真

女人不能认死理，要学会变通，如果你总是较真，你脸上出现笑容的机会就会越来越低，不喜欢微笑的女人是很难获得男人青睐的。所以，女人不要对事情太计较，得过且过，平时尽量展现你开朗活泼的一面，让他人感受到你阳光的一面，这样别人就会感到轻松，愿意和你相处，你就会聚敛很高的人气，更会获得异性的青睐。如果你能够做到在一些让人纠结的事情上幽默一下，那么不但能够让人觉得你有一颗宽容大度的心，而且能够被你的这种行为感动，对你的好感倍增。女人生活要自然轻松，最好能够表现自己单纯的一面，因为这在男人眼中绝对是吸引人的地方，在单纯的女人面前，男人们更愿意表现，更愿意去和这样的女人接近。

3. 把丈夫当成最重要的人

很多女人都是事业有成，但是婚姻最后以失败告终。女人在中国传统的价值观里，往往都是主内的，那么在外面的成就太高了，就会给男人一种无形的压力，这自然就给婚姻带来了不稳定因素。所以，一个女人要时刻谨记丈夫是你最重要的人，事业当然重要，但是你的另一个角色更加重要，那就是你是那个男人的妻子。所以，女人即使在公司里地位很高，是公司不可或缺的骨干也不要忘了自己应该扮演好的角色。作为一个女人，最应该清楚的是自己的家庭角色，要知道如何维护丈夫的尊严，只有这样才能真正守住丈夫的心。

4. 男人的事让他自己解决

很多女人喜欢管自己男人的事，这样做虽然是出于好心，但是效果往往不会太好，因为很多时候你并不能把事情处理得很完美，所以这样做还不如不去干涉。让自己清闲一些，能不管的不要多费心，这样不但自己可以享受生活，男人也会觉得你懂事，一举多得。

男人喜欢的傻女人不是智商很低，因为低智商的女人男人不会感兴趣，男人喜欢的傻女孩是表面看上去傻傻的，但是心里却很有数。男人都有很强的自尊心，所以那些总是表现得自己非常聪明的女人是不会对男人有吸引力的，恰恰是那种大智若愚的女孩能够抓住男人的心。男人本身是希望能够给自己心爱的女人一个宽厚的肩膀的，所以作为一个女人不要工于心计，男人都希望女人能够"傻傻"地、真实地和自己在一起，因为他们会感觉到安全和温馨。所以，做一个"傻"女人，你会获得更多幸福。

❀ 计较少一点，付出多一分

有些事情是缕不清头绪的，所以越较真，就越是没有结果。这样纠结的后果就是没有了心情，陷入一种低落的情绪中。人们在计较某事的时候，总是看不见前方，不能够从全局着眼，只是盯着眼前的这些小利益，那么丢失的将是大利益，女人不能只是顾着眼前的东西，要有长远的打算，把凡事看开一些，这样就能够把自己的步子迈得更大，不会在一些没有意义的问题上纠缠，耗费精力，不计较将会得到更多。计较少一点，付出多一分，你与幸福的距离就会越来越近。

1. 爱情是一种感情投资

很多有智慧的人都说过类似这样一句话，那就是"要想快乐多一点，就计较少一点"。很多时候人们字面上认可，但是实际上并没有切身的体会，因此，人们往往会在关键的时刻忘掉这句话。女人在爱情上要获得快乐和幸福，不计较是很必要的，否则你将陷入一种无法自拔的泥潭。

女人很多时候在爱情面前会变得贪心，她们并不是不快乐，往往是计较得太多，总是认为自己能做到的，别人也能做到，所以很少考虑别人的实际情况，就要求别人去做一些事情。但是时间长了，你会发现并不是所有的事情都是按照你想象的样子去发展的，要学会换位思考，站在别人的位置上去思考一下这个问题，也许你就不会计较别人是否按照你的心理期待去做事了。

2. 友情的付出有讲究

一个女人对朋友付出的多了，往往会希望能够得到一些回报，很多女人为没有得到自己期望的回报而感到莫名的伤感或者气愤。其实，在自己为朋友付出而没有得到相应回报的时候，可以想一下朋友所处的具体情况，这样就会释然一些。还是那句话，学会换位思考，或者想想朋友是你在黑夜中摸索前行时为你带来光亮的人，是你在需要帮忙的时候为你分担忧愁的人，朋友是你在不开心的时候抚慰你心灵的人，这样你就会想起很多朋友的好，你也就不会再为那些自己做出的付出没有得到回报而感到不平衡，心情自然就会舒畅起来。

另外，女人要学会保护自己，也就是在为朋友付出的时候掂量一下随后会发生的事情或者情况，这样就会有一个付出的大体范围，从而减少自己因为付出得不到回报而产生的心理不平衡的感觉。朋友在为自己付出时，一定要记得感恩，在回报朋友时，你会再深一层地体会到什么是友情，在经历了这样的过程后你会更加觉得计较没有意义，只有敞开心扉，才能拥抱世界。

3. 亲情付出无上限

亲人之间的付出是不求回报的，因为毕竟有血缘关系，所以作为一个女人不要总是想着某位亲人没有在自己给予帮助后对自己感谢。在家中，不要总是让父母做家务，作为一个女儿，与其在电视机前或者电脑前一直关注着那些所谓自己喜爱的东西，真不如在饭后接过母亲手中的碗然后洗得干干净净。在自己想要一些东西而父母无法满足的时候不要计较，因为父母不欠你的，你要懂得自己的一切都是父母给你的，要想得到自己想要的东西就用自己的行动努力去争取。

人生中，很多时候是需要用一颗豁达的心来面对的，少一些计较，多一些付出，你会感觉更加幸福。

❋ 放下是幸福的快捷方式

很多时候，烦恼是因为放不下。对于女人来说，一段感情的意义远比一堆钱的意义大得多，尤其是在失去一段刻骨铭心的感情之后，女人会不停地流泪，内心深处感到一种撕心裂肺的痛楚。这时，女人们会有不同的反应，有的人会选择去追回那段感情，但是这样做的人往往无功而返；而有的人选择放下，然后再继续寻觅，从而使自己慢慢淡忘那些痛苦。所以这个时候，选择放下才是真正需要女人去做的，因为放下是幸福的快捷方式。从感情的角度来讲是这个道理，一些其他让人纠结的事情上，同样是这个道理。

1. 感情不是生活的全部

当女人失去爱情时，会很痛苦，可是生活的真谛是快乐。一直纠结在痛苦中会有什么样的结果呢？那就是在黯然神伤中度过每一个本应美好的日子，显然是不值得的。

小敏在接受小方的爱时，她并不爱小方。那时小敏刚失恋，只是急于需要用一段新的感情来填空，好将自己那颗受伤的心藏起来。小方是小敏曾经爱过的那个男人的同事，有着令女人着迷的一张脸，小敏没有告诉他最初吸引自己的只是他的外表，接受他最主要的原因是想借着这段恋情，继续留在一个已经离开自己的男人身边，用目光追随他的背影，去打听他哪怕点滴的消息。小方看出小敏和自己在一起时的心不在焉和目光游离，于是，加倍对小敏好。小敏知道，这样对小方不公平，可是小敏是一个一旦投入感情就很认真的女人，就是忘不了那个让自己受伤的男人，结果最后伤害了小方，两人分道扬镳。

小敏是一个痴情的女人，但是她做错了一点，那就是找一个自己并不爱的人来填补内心的空白，这样做的结果就是自己旧伤未愈又伤害了另一个无辜的人。很多女人在失去爱情时，会选择非常疯狂地挽回，甚至为了爱自残或者不惜流血。这样的人往往到了撞到南墙的时候，才会幡然醒悟。爱情对一个人固然重要，可是爱情不是生命的全部，比爱情珍贵的东西还有很多，我们活着不仅仅是为了爱别人，很大程度上是为了爱我们的人而活着。失去了一个自己爱的人，并不是这个世界就结束了，你还有很多要去关心和爱护的人，所以要学会放下，要让自己时刻保持清醒，做个理性的女人。

俗话说"好聚好散"，"拿得起放得下"，"没有过不去的火焰山"，要为了自己和爱自己的人好好生活，这样自己能舒服，他人也能好好生活。人生有太多的事情，爱情不是生活的全部，它不过是生活的一部分，或是稍微占的分量多了点罢。如果曾经是痛过的，也该重拾心情，忘记过去，给自己新的开始。该舍弃的时候就要舍弃，也许不心甘不情愿，也许难过，也许伤心，但伤口总会愈合的。

2. 成功是在不断的起落中获得的

工作中，很多女人会因为一些失误或者错失的良机而懊悔不已，每次想起来都会想上半天，心中不断地后悔，其实，这样的行为是自己给自己找麻烦。一个人过得好好的，不要总是给自己心里添堵，一些事情过去了就不要再追究了，只要自己能够认识到问题的存在，能够在下一次不犯同样的错误，这就足够了。不要否定自己，因为一个人的成功总是在不断的起起落落中获得的，一个成功人士往往都是经历过大起大落的人，所以不要跟自己过不去，给自己心中一片天空，让自己能够自由地呼吸，这样才能有一个好的状态，一个能够取得成就、获得成功的状态。

3. 学会释然，方能幸福

平淡简单的生活才是真正舒服的生活，每天早上起来告诉自己今天将是快乐的一天，不管明天会怎么样，今天要快乐，谁也影响不了你的心情。女人要学会珍爱自己，只有珍爱自己，才会活得有滋有味。女人只有珍爱自己，才会彰显出自己的价值，才不会有更多的烦恼。

女人，要学会放下，放下那些工作中的压力，放下生活中的不如意和烦恼，这样才会活得轻松；放下自卑，就会自信；放下懒惰，就会充实；放下消极，就会积极；放下抱怨，就会舒坦；放下忧郁，就会洒脱。放下是女人幸福的快捷方式。

✻ 财富换取女人的幸福

虽然物质不是决定一个女人幸福与否的必然因素，但确实也是一个重要因素。一个女人的幸福程度很多时候是和物质挂钩的，用财富去换取女人的幸福是一种很实际的方式。很多时候，女人会需要一定的物质作为基础，这样的幸福比较实际，能够让人安心，这样基础上产生的精神层面的幸福才会更加稳固。很多女人喜欢浪漫，很重视感觉，注重精神层面的满足，可是这样做的结果往往是浪漫的生命在很短的时间内就结束了。所以，要抓住幸福，就需要一定的物质财富作为基础，女人，要学会用财富换取自己的幸福。

1. 女人要学会赚钱

在现代社会，对于女性来说，经济上的独立和解放才是真正的解放，尤其是在男人面前，女人拥有财富是能够获得男人的认可和钦佩的，是有尊严的。这样说并不是意味着没有钱就没有尊严，而是在某种程度上，钱会较容易让某些人丧失尊严。

一个女人如果连最起码的生活自主能力都没有，但是还想去享受，那么就很容易沦为男人的附庸，成为游戏玩物。所以，女人要学会自己创造财富，不要把自己的经济需求建立在别人的身上。有些女人缺乏追求的勇气，总觉得创造财富很难，可是新时代财富女人杨澜说："人的一辈子，就这么几个理想，如果我们有机会，不应该放弃追求的乐趣。宁可在尝试中失败，也不在保守中成功。"

2. 女人要学会理财

一个女人想在家中处在主导和领导地位，会理财是非常必要的一点。爱情是婚姻的基础，没有爱情就没有幸福的婚姻；相应的，经济是爱情的基础，没有经济的独立，爱情虽然可以存在，但是难以维持，是相对不稳定的。尤其是现在这个物欲横流的社会，那些不为名利所束缚的爱情似乎已经凤毛麟角。现在的社会大量充斥着因为金钱而分崩离析的爱情和婚姻，很少能够看到在困难中仍能够患难与共的夫妻、情侣，大难当头，各自找各自的路已经成了一种较为多见的现象。所以，一个女人如果能够把钱管好，就能够在产生矛盾时有话语权，这样就能够从容地面对各种家庭矛盾，不会让自己处于被动地位。

婚姻有不同的阶段，新婚的小两口当然会有激情，能够缠绵，可是当婚姻进入疲劳期的时候，就缺乏了激情，这时候，男女的想法都是不大相同的。女人在这个时候往往以维系婚姻和感情为第一要务，而男人却喜欢寻找新的刺激，例如会通过婚外情中的一些接触来弥补自己不能满足的内容。所以这个过程中，如果女人掌握了金钱就能够为感情的维系增加成功的筹码，因为男人没有了经济支撑，婚外情就无法存在。俗话说"女人变坏了，不一定会有钱；男人有钱了，一定会变坏。"所以女人能够理财，掌握家中的财政大权就能够维系好感情，就能够获得幸福。

3. 女人不要为钱所累

女人通过财富来使自己幸福是正常的，但是要注意金钱不是万能的，要掌握一个度。

全球女首富、欧莱雅女掌门人利利亚娜·贝当古频频成为世界媒体关注的中心。首先，她加入了席卷全球的麦道夫金融欺诈案的最新受害者名单，财富面临缩水；而更早些时候，她被卷入一场闹得沸沸扬扬的家庭争产风波，争产者是她的独生女和被视作她的"干儿子"的一位艺术家。

通过利利亚娜·贝当古的例子不难看出，女人在拥有财富时也会遇到各种各样的麻烦。财富可以给女人带来幸福，但是也会给女人带来负累，所以女人的幸福感一定要通过多种途径去获得，不要仅仅依靠钱财。因为从某种角度看，女人的财富过于丰厚后会使男人们退避三舍，从而很难获得幸福。

金钱如此重要，所以女人喜欢金钱也就没有什么错。但是女人要学会通过适当的途径去挣钱，要能够科学地理财，还要知道如何避免由于钱财带来的麻烦，这样就能够很好地通过财富来获得幸福了。

第 3 章

自省情商：
了解自身的女人更懂得完善自我

生活中我们往往并不完全地了解自己，我们看到更多的是自己的优点，却不肯承认自己的缺点，这使得我们很难进行自我完善。作为女人，要时常进行自我反省，千万别被套在自己头上的光环所欺骗和愚弄了，否则受伤的也只能是女人了。那么，对于女人来说，如何做到这一点呢？究竟要注意哪些方面呢？在这一章里，我们将为你做详细地讲解和指引。

✳ 正视不足，接受自己的缺点

生活中，很多人往往看自己的优点很清晰，却忽略了自己的缺点和不足。即使有的人发现了自己的不足，也不去面对，觉得自己情有可原。殊不知，正是这些不足和缺点给我们自身带来了瑕疵，尤其是一些女人，自身的毛病很多，却不去面对，不去改正，严重地阻碍了自我的完善，在生活和工作中给自己设置了障碍。

于梅是一个非常爱交朋友的人，身边总有很多的朋友，即使跟陌生人在一起，她也很快能跟对方混熟。按理说，这样的女孩子应该非常受人欢迎，可是她身边的朋友却越来越少，不是她的人品有问题，而是因为她有个致命的缺点——大嘴巴。很多时候，别人跟她聊点私事，很快她就会传播出去，为此，大家和她交往都感觉没有安全感。

这天，于梅的同事，也是她最好的好朋友王英没有来上班，于梅打电话过去询问，得知王英生病了。于是这天下午下班后，她买了一些礼物，过去看望王英。于梅的关心让王英非常高兴，于是她就把自己的秘密告诉了于梅。

原来，一个月前，王英和男朋友一起去外地旅游了。两人的感情进一步得到升温，在旅游回来的那个晚上，他们住到了一起。谁知道一个月之后，王英感觉身体有些不适，去医院一检查，医生告诉她，她怀孕了。王英于是请了假去做了人流。

得知这个消息之后，于梅指着王英的额头说："你啊，这么大的人了，怎么不懂得保护自己呢。"

王英做了个鬼脸，笑了笑没有说话。

半个小时之后，于梅要回去了。王英知道于梅有大嘴巴的毛病，所以一再地强调她千万不要告诉任何人，于梅也向王英发誓绝对不会说出去。

可是，王英休息了一个礼拜之后，上班后，却发觉很多同事对她指指点点，在后面议论着她什么。她在无意中听到别人说她"不要脸""不知廉耻"的字眼，很快她明白了。一定是于梅将她流产的事情散播了出去。

于是，这天下班后，她把于梅叫住，问道："我怎么听到别人在议论我啊，你是不是把我的事情告诉了别人啊？"

于梅一脸无辜地说："没有啊，我对谁都没有说。"

王英没有说话，盯着于梅的眼睛一直在看，于梅渐渐低下了头，嘴里嘟囔着说："我就跟业务部的小雨说了，那天她问我呢，你怎么没来上班，她对我发誓绝对不会跟任何人讲的。"

王英什么话也没有说，转过身离开了。第二天，王英辞职离开了公司。从那之后，不管于梅怎么跟她道歉，她都再也没有搭理过于梅。

故事里的于梅有大嘴巴的毛病，在得知好朋友王英流产的消息后，尽管一再的发誓不会告诉别人，但是最终她还是说了出去，结果造成了王英不肯原谅她。可见，人有缺点和毛病并不可怕，可怕的是不正视不足，不接受自己的缺点，从而让自己的形象大打折扣。那么，对于女人来说，如何才能做到正视自己的不足和缺点，不断地完善自我呢？

1. 承认自己的不足和缺点是前提

世界上没有十全十美的人，人有缺点和不足并不奇怪，但是，愿意承认自己的缺点和不足的人并不多。如果你自己都不承认，那么如何去改正呢？所以，对于女人来说，自己有哪些毛病和缺点自己应该很清楚，在审视自己的时候，一定要承认你的不足和缺点，这是不断完善自我的前提和基础。如果你连自己都欺骗，那么就无可救药了。

2. 积极纠正你的缺点

人有了缺点和毛病并不可怕，关键是你是否愿意去改正。如果你的确真心实意地想要改正你的不足和缺点，那么你所做出来的努力一定会慢慢奏效。相反，如果你不愿意改正，那么你的缺点永远会跟随你一生。因此，对于女人来说，发现了自己的缺点和毛病之后，一定要努力改正，这样你才能不断地完善自己。

3. 平日里对自己的不足多做留意

如果你知道自己的毛病在哪里，那么就要在平时的工作和生活中多加留意。慢慢地，你注意的时间久了，也就改正过来了。比如故事中的于梅有大嘴巴的毛病，当她和朋友们交往的时候，就要有为朋友保守秘密的意识，并且时刻提醒着自己。这样，当想要泄露朋友的秘密时，她就会意识到这样不对，从而逐渐养成保守秘密的好习惯。

4. 必要的时候来请求朋友的帮助

很多时候我们知道自己的毛病，可是改正的时候就是把握不住自己，之后又觉得懊恼不已。如果是这样，你不妨请求你身边的好朋友来帮助你，比如故事中的于梅，如果她向身边的朋友求助，那么她在和人聊天的时候，朋友就会提醒她，这样，慢慢身边有了监督和提醒，大嘴巴的毛病也会得到改正的。

❈ 人无完人，发现自己最闪亮的发光点

生活中只要认真审视自己，你会发现你身上的毛病很多，同时你也会发现很多优点和一些值得你骄傲的东西。如果我们在改正缺点和毛病的同时，能把自己身上最闪亮的发光点挖掘出来，并发扬光大，那么在一定程度上能弥补你的缺点和不足，这样你会让自己的形象不断得到完善。

在这次的班干部选拔当中，杨静出人意料地脱颖而出，获得了很多选票，这让班主任王老师感觉到多少有些意外。因为杨静平时学习成绩一般，而且学校有什么活动，也不积极参加，这样一个人，究竟是怎样当选为班干部的呢？要知道，班里比她优秀的大有人在。

原来杨静尽管学习上不是很用功，也不是班里的积极分子，可是她有个优点，那就是特别喜欢帮助别人。不管谁遇到难处，她都会及时给予帮助，哪怕自己能力有限，也会积极地为别人想办法，因此，她在同学们中间的口碑相当好。

一次，海琦一个人躲在角落里偷偷抹眼泪，杨静看到后走过去，问道："怎么了，海琦，遇到什么麻烦了？"海琦望了一眼杨静，没有说话。杨静关切地问道："海琦，到底发生什么事情了啊？你说出来，看我能不能帮助你。"

海琦嘟囔着说："我这个月的生活费没有着落了，家里拿不出钱来，你说我该怎么办啊！"说着，眼泪又流了下来。

杨静听了，沉思了几秒钟说："没关系的，我借给你啊，不就几百块钱的事情吗？"

海琦不好意思地说："你借给我，那你怎么办啊？"

杨静笑着说："没关系的，我上个月还省下了不少呢。"

海琦抬起头，望着杨静说："杨静，真的谢谢你。"

杨静拿出钱包，掏出了整整八百块钱，塞到了海琦的手里。

可是，第二个月过去了，海琦依旧没有把钱还回去，杨静也从来没有问。事实上，当初杨静决定要把钱借给海琦的时候，就知道海琦家里困难，以后不可能还给她，但她还是毅然决然地把钱借给了海琦。而她因为把钱借给了海琦，自己又从别人那里借了钱熬过了一个月。

很快，这件事情在同学们中间传播了开来，大家都对杨静佩服得五体投地。像杨静这样帮助同学们的事情时常发生，所以，杨静在同学中间逐渐有了很高的威信，大家支持她当班干部也是顺理成章的事。

故事里的杨静学习不优秀，学校活动也不积极，但是她有个优点，那就是热心肠，特别喜欢帮助同学，所以赢得了同学们的心，最终脱颖而出。可见，一个人不可能没有缺点，但是如果你能把自己最闪亮的优点发挥出来，在一定程度上完全可以弥补你的缺点和不足。那么，对于女人来说，如何发现自己最闪亮的发光点呢？

1. 想想你最值得骄傲的事情

一般情况下，谁都有值得让自己骄傲的事情。在这些事情上往往能体现出你的闪亮点，否则也不可能让你值得骄傲，给你留下深刻的印象。不管是曾经因为做了好事而受到表扬，还是因为在劳动方面很积极，总之能让你为之而感到自豪和骄傲。你会发现，你也有很多的闪亮点，对于女人来说，让你的这些闪亮点更加发亮，就是你不断完善自己的过程。

2. 考虑一下你的兴趣在哪里

往往很多人在自己感兴趣的方面会投入更多的精力，因此也更容易让自己因为这方面的能力而变得闪亮。比如说你爱好书法，或者是爱好跳舞等，在这些方面就能让你脱颖而出。因此，对于女人来说，在这些闪光点上让自己更加的发亮，无形之中，让你的形象更加的得到完善。让你更加容易被人接受，被人记住。

3. 剖析你的性格，找到优点

很多女人总觉得自己是个普普通通的人，身上没有任何的闪亮点。这时候，你不妨剖析一下自己的性格，看你是不是足够善良，或者非常热心肠，喜欢帮助别人。比如说你很擅长社交，你在和别人的交往中游刃有余；你喜欢思考，往往很有些特立独行的想法……类似这些就是你的闪亮点，是你值得骄傲和值得发扬的优点。对于女人来说，不要苛求自己十全十美，在什么方面都优秀。你只要在你认为比别人优秀的闪亮点上不断发光，你就能完善自己，成为一个受人欢迎的人。

❊ 及时发现并驱赶走自己的消极心理

很多时候，我们在做事情的时候，总是担心自己会犯错误，会做不好，让别人笑话。往往你越是担心，越觉得自己什么也不会了，话也不会说了，手也没处放了，脑子里一片空白，本来能做好的事情，也被做得一塌糊涂。对于女人来说，如果你发现自己有了消极的心理，那么一定要迅速地鼓励自己，让自己自信起来，把这种消极的心理驱逐出去。

王凤是个优秀的女孩子，不但人长得漂亮，而且还聪明伶俐，工作也非常出色。可是令人很不解，现在已经28岁的她，还是单身一个人。这着实让亲戚朋友们着急，于是解决她的个人问题成为了家人朋友的头等大事。

这天，在朋友的安排之下，她去相亲。

在去相亲的路上，王凤说："对方要是看不上我怎么办啊？"

朋友安慰她说："别担心，你又不是丑到见不得人。再说了，你那么活泼可爱，喜欢你还来不及呢，怎么可能看不上你呢。"

王凤继续说："我说话声音也不好听，皮肤也不白，对方肯定会嫌弃我的。我之前谈过的那个男生就是嫌弃我不够温柔而离开我的。"

朋友笑着说："你有点信心好么？他离开你那是他有眼无珠，并不是说明你不够优秀啊。"

王凤说："我没有学历……"

朋友不耐烦地说："哎呀，你放轻松一些，又不是上断头台，怕什么啊。"

说着，便到了约定好的地方。入座之后，男生大方地问王凤："你叫什么名字啊？"

王凤木讷地说："我叫王凤。"

男生自我介绍说："我叫王华，朋友们都叫我华子。"

王凤点了点头说："噢。"

华子接着说："你之前谈过对象吗？"

华子的话让王凤一下子紧张了起来，她内心里开始疑惑起来："会不会是朋友之前跟他聊过我的事情呢？他会不会也和之前的男朋友一样嫌弃我呢？要是和他好了，万一以后被甩了多么没面子啊？如果真的出现那种情况自己该怎么办啊？"

王凤越想心里越担心，她的心突突地跳，脑子里一片空白，冷汗渐渐在额头上渗了出来。她低下了头，不再说话。

华子见王凤低下头不说话了，于是关切地问："你没事吧，是不是不舒服啊？"

王凤摇了摇头。

那一天也不知道是怎么结束的，回到了家中，王凤才慢慢清醒了过来。朋友抱怨说："你怎么回事啊？人家关心问你话，你却低着头一句话也不说。"

王凤说："我就是担心他看不上我。"

朋友很不高兴地说："行了，你终于如愿以偿了。"

故事里的王凤在相亲的时候，总是担心对方看不上自己，担心今后自己会被甩。在这种消极心理的暗示之下，她越来越紧张，结果在交谈中十分被动，相亲失败也是难免的事情了。可见，在很多时候，我们有消极的心理也很正常，但是在出现消极心理的时候，要及时发现并将其驱赶出去，这样才不至于让你的言谈举止受到影响，才会让你表现得更加优秀。那么，作为女人，如何才能及时发现并驱逐自己的消极心理呢？

1. 当你开始担忧的时候，多说"我很棒"

人在挑战自己的时候，往往会出现担忧的心理，担心自己表现不好，被别人笑话，担心万一出现错误该怎么办。往往在你这样担忧的时候，你的表现也会越来越糟糕，向着你所担忧的方向而去，而你的拙劣表现，又让你更加担忧。作为女人，你不妨及时对自己进行心理暗示，说句"我很棒"，你的潜意识会引导你表现优秀。

2. 当你开始恐惧的时候，多说"没什么"

生活中，我们在人多的时候说话会脸红，心跳会加快，会感觉到非常恐惧。尤其一些女孩子胆子比较小，平日里很少在人多的时候大声说话，突然有这么多人看着自己，担心是难免的，这也是人的正常反应。因此，作为女人，当你开始感觉到自己恐惧的时候，不妨对自己说一声"没什么"，这样你的内心就坦然了很多。

3. 当你开始有退缩念头的时候咬咬牙

往往很多时候，我们感觉到有压力的时候，会选择逃避，以避免让自己去面对。尤其是一些女人，稍微感觉到有压力，就要放弃。作为女人，这时候一定要坚强一些，不妨使劲咬咬牙，以此来让自己感觉到浑身充满力量。这在一定程度上能增加你的自信心，让你后退的念头顿时打消掉。

4. 当你不断紧张的时候，深吸一口气

常常我们会因为这样那样的原因对自己很不自信，心跳从而加快，不由自主地紧张起来。越紧张你的心跳越快，觉得话也不会说了，手也没地方放了，觉得别人都在等着笑话你。在这样的心理状态下，你要想表现优秀几乎是不可能的事情。所以，对于女人来说，如果你发现自己开始紧张的时候，不妨深吸一口气，这样，你会发现你的心渐渐平静了下来。

❋ 女人要学会跟自己的心对话

俗话说：女人心，海底针。很多时候，女人心里的想法来得莫名其妙，一会儿一个想法，甚至有些想法没有任何的理由，让别人无法理解，有时候连她们自己也理解不了。作为女人，要学会跟自己的心对话，弄明白自己心里的真实想法，这对于女人的社交以及抉择有很大的帮助。

作为海霞的男朋友，乔其有时候觉得自己束手无策，他总自认好歹也是个成熟的男人，可是面对海霞时不时出现的莫名其妙情绪，却是那么无奈。站也不是，坐也不是，走也不对，不走也不对，这让他的心感到疲惫不堪。

这天下班之后，他给海霞打了个电话，约了一起去吃饭。可是乔其在约好的地点左等右等，不见海霞的踪影，打了电话过去，海霞二话没说，就是一顿臭骂。乔其挨了骂却不知道究竟为什么，他本想一走了之，但是又担心海霞出事，于是打车来到了海霞的家里去找她。

这时候，海霞得知乔其来家里找她了，于是愤怒地走出来，吼道："你给我点空间好不好，你想做什么啊？"

乔其说："咱们不是约好了一起吃饭吗？你没有去，给你打电话你又一顿臭骂。"

海霞气呼呼地说："我今天心情不好怎么了，你还不允许我心情不好一次，还追到我们家里来了，别太过分行吗？"

乔其连忙解释说："我不是追过来的，我是担心你，怕你出什么问题。"

海霞不依不饶地说："怕我出什么事，你希望我出什么事情啊？"

乔其没有说话，转过身离开了。

海霞感觉特别委屈，她觉得乔其不但不关心她，还追到自己的家里来监视，真是太过分了。她越想越生气，索性把手机关了，再也不想接到乔其的电话。她觉得乔其会打给他，但是，乔其并没有这么做。

一连几天都没有乔其的电话了，海霞觉得心里空荡荡的。当她打过去的时候，乔其挂了电话，这时候，她才意识到自己或许真的伤害了他。

于是那天的一幕幕再次在她的脑海里回放。她对自己说："或许真的是我的问题。我先是失了约，然后又莫名其妙地骂了他一顿。他担心我，来看我，而我却那么对他。"

想到这里，她开始抱怨自己太不懂事了。不懂得珍惜这个爱自己的男人。她越想越觉得对不起乔其，那么严重地伤害了他。

过了几天，她为乔其买了一个非常精美的领带，到乔其的家里去找他。当乔其看到海霞的时候，没有任何的表情，海霞看到乔其真的生气了之后，开始哭着认错了。乔其哪里受得住这个，很快，他就原谅了海霞。

故事里的海霞无理取闹，深深伤害了乔其，当意识到乔其生气了之后，于是她开始和自己对话，反思自己的过错，也正是因为她的反思，终于挽回了乔其的心。可见，作为女人，要适当地学会和自己的心对话，从而弄明白自己的言语行为的真实意图，这样才能让你活得更加真实。那么，作为女人究竟如何才能做到这一点呢？

1. 要学会面对真实的自己

人有时候很矛盾，自己所说的话，所做的事未必是自己心里真实所想的。尤其是女人，常常口是心非，尽管嘴上对人不依不饶，可是心里却已经屈服了。因此，对于女人来说，要学会真实地面对自己。一般情况下人是不会欺骗自己的，事实上，也欺骗不了，因为只有你最了解你自己。

2. 要常常思考自己的言行

当你所做的事情或所说的话伤害了别人之后，你的内心之中也会有一个对错的判断。可能你嘴上不承认自己错了，可当你面对自己的时候，你会慢慢意识到自己的错误，会觉得确实话说的不合适，事做的不合适。因此，对于女人来说，别一味由着性子去说话做事，要常常思考自己的言行，归还自己一个真实的自我。

3. 学会分析自己的行为动机

很多时候，女人做事情并没有那么多理由，脑子里会有很多稀奇古怪的想法。或许你对自己说只是喜欢而已，可是任何人不会做没有理由的事情，不会说没有理由的话。所以，作为女人，一定要多问问自己为什么要这么做，为什么会有这样那样的想法。当你想清楚的时候，你就知道自己是否真的做错了。

4. 坚持内心的正直和善良

我们内心之中常常会非常矛盾，尤其是进行自我评定的时候，或者是在抉择的时候，内心之中总是有两个自己在不停地打架。要么这样，要么那样，不同的抉择会有不同的结果。可是未来是不可预知的，对于女人来说，无论如何要坚持内心的正直和善良，不要随便败坏自己。或许你只是一念之差，却会把你的整个人生毁掉。

✤ 斩掉虚荣，做单纯而真实的自己

对于大多数女人来说，都有很强的虚荣心，总是希望在别人面前表现得优越一些，因而常常追求很多虚假的东西，而实际上这些虚荣对她们并没有多大实际的意义。在这样的虚荣之下，往往女人戴着面具生活，活得非常累。对于女人来说，不妨斩掉虚荣，摘掉面具，生活得简单一些，真实一些，往往真实的人更容易被别人欣赏和接纳。

慧文结婚了，可是她的婚姻并不幸福。她和丈夫是经人介绍认识的，所以彼此之间并没有多少的感情，即使在结婚的时候谈的更多的也是物质与金钱。用慧文的话说，人就是活在现实之中，不谈现实，那么谈什么呢？

她是这么说的，也是这么做的。当初她的丈夫曾经承诺要给她买一辆车开，可是结婚之后却没有兑现之前的承诺。于是，她便不停地和丈夫纠结此事，硬是逼着丈夫为她买了一辆私家车。

在外人看来她是多么风光，一出门便要开车，而且在平时还能带着朋友们四处兜风。可是她每个月的工资却只有2000元，加油费就要花去一大半的工资，再加上自己要穿好吃好，每个月都要丈夫为她支付高昂的燃油费。

时间一长，丈夫便受不了了。因为家里的开支已经让他焦头烂额了，而且有了小孩，花销更是大得惊人。又要照顾老人，又要照顾孩子，每个月的那点工资根本不够开销，慧文还要在车上花去一大笔。为此，两口子经常吵架、打架。

慧文拿出自己的杀手锏，动不动撒泼，丈夫是个老实巴交的人，哪里是她的对手，丈夫便常常不回家。几个月之后，慧文得知丈夫在外面有了别的女人，这时候她才意识到自己活得多么虚假了。

为了维持婚姻，她不得不选择了妥协，在给丈夫真诚地道歉之后，她把用来炫耀的私家车卖掉了。这一下家里节省了很大的一笔开支，丈夫也回心转意，对她比之前好多了。现在的慧文活得真实多了，每天按时上班，和丈夫一起经营婚姻，照顾孩子。

两人感情也得到了很大弥补，生活也渐渐好了起来，丈夫时不时还会带她和孩子出去旅游，这时候，她才真实地感觉到什么是幸福。

故事里的慧文为了满足自己的虚荣心，逼着丈夫为她买车，为她付燃油费，结果把丈夫逼到了别的女人怀里，危及了婚姻和家庭。后来，她毅然决然斩掉虚荣心，活得简单又满足，挽回了丈夫的心，捍卫了自己的婚姻。可见，对于女人来说，虚荣的东西毕竟无法与现实生活相融合，要想得到幸福，那么就要斩掉虚荣，做单纯而又真实的自己。那么，作为女人，如何做到这一点呢？

1. 想清楚你所追求的是否有价值

对于很多女人来说，她自己并不知道到底在追求什么，她只是希望自己绝对不能比别人差。见别人开好车，自己也要开；见别人穿名牌，自己也要穿。事实上，当她开上好车，穿上名牌之后，一定会感觉到快乐吗？那倒未必。相反你会因为追求虚荣，而生活在套子里，感觉到累和痛苦。所以，作为女人，在你满足虚荣心的时候，一定要明白，你所追求的是什么。

2. 不妨来真实地面对你自己

人往往在追求虚荣的时候，会迷失掉自己。尤其是女人，总是爱和别人攀比，别人有的东西，她也要，可是实际上，她真的需要吗？作为女人，当你生活在别人的生活里的时候，你会因为失去自我而感到多么痛苦。因此，在你追求虚荣的时候，不妨来真实面对自己，看清楚隐藏在面具后面的你是什么样子的。

3. 看清楚什么对你最重要

一个人活着，要活得明明白白，弄清楚什么对你才是最重要的。在婚姻中，在家庭中，在你的一生中，到底你在追求什么？是追求情感呢还是去追求物质？像故事中的慧文，是为了捍卫家庭放弃虚荣呢？还是一任虚荣心侵蚀了婚姻？我想，作为女人，你应该明白什么对你才是最重要的。

4. 享受生活要切合实际

有的女人虚荣心很强，别人开好车，穿名牌，她也要跟着去学。可是，你却忘了，别人开好车，穿名牌，人家的收入每天1万元，而你每天才收入100元。凭什么去跟别人攀比呢？因此，对于一个聪明的女人来说，在你追求另一种生活方式的时候，别忘了看一看真实的你是什么样子的，有没有这样的能力去享受另一种生活。如果没有，趁早打住你那些不切合实际的念头。

❋ 女人要知道自己想要的究竟是什么

生活中，很多女人并不知道自己究竟想要什么。她们对自己的前途感到迷茫，对自己的婚姻感到不知所措，这样的迷茫和不知所措，往往会让他们在作抉择的时候痛苦万分。就在她们不断彷徨的时候，却错过了机会，遗失了本该属于她们的幸福和快乐，而最终却什么也抓不住，两手空空如也。作为女人，一定要活明白，想清楚自己究竟要的是什么，然后及时地把握住机遇，争取属于自己的东西。

霞霞今年已经28岁了，可是对于自己的婚姻表现得非常茫然。在亲戚朋友们的不断介绍之下，她接触了很多的男生，可是最终总是由于这样那样的原因给推了。在父母和社会的压力之下，她认识了现在的男朋友海。

海是个非常有才华的男生，不但性格洒脱，而且阳光帅气，更主要的是他对霞霞非常好，平日里对她关怀备至，还很包容她。按理说，这样的男生对于霞霞来说，是最好的归宿，可是就在他们商量着筹办婚事的时候，意外发生了。

原来，霞霞所在的单位刚好安排了外出旅游，在旅游的途中，她结识了一个新的朋友怀玉。当她和怀玉聊起了自己的近况时，怀玉的一些话让她有了不同的想法。因为尽管海对她特别好，但是海的家庭条件并不是很好，没有楼房，而且海喜欢随性所欲的生活，这让霞霞感觉到没有安全感。真正让她动心的是，怀玉承诺给她介绍一个条件更好的男生。

于是旅游回来之后，她便非常纠结。她知道，像海这样的男生，是值得一辈子托付的人，但是怀玉说的情况也让她很动心，她常常在左和右之间徘徊不定。由于想法总是不确定，所以在和海的关系上，出现了摇摆不定。

本来之前约定要带海见父母的，霞霞因此也取消了，这让海大为不悦。于是他们经常争吵，而霞霞以此拒绝再和海见面，这时海也心灰意冷了，他想放弃了。可是转念一想，这段时间以来，自己对霞霞已经有了感情，为了给自己的感情一个交付，他觉得有必要再坚持一下，再争取一下。

此时的霞霞依旧沉浸在怀玉为她描述的梦想中，幻想着物质条件又好，又疼她爱她的白马王子的出现，对海的感情已经是非常冷淡了。但是，海确实很优秀，她不得不承认，再加上自己的年龄大了，机会也就会少很多，所以，她并没有和海分开。

海每天都给霞霞打电话，可是霞霞总是爱搭不理的，海多次约她，她也坚决地拒绝了。慢慢地，海的心冷了。最终，他们在电话里进行了一次激烈地争吵之后，分手了。分手之后，海在朋友的介绍下认识了新的女朋友，而此时的霞霞后悔已经来不及了，怀玉介绍的男生比起海来说，相差十万八千里呢。

故事里的霞霞不知道在未来的婚姻中自己究竟要的是什么，结果在犹豫徘徊当中，错过了机会，失去了海。当她明白了自己想要的是什么的时候，再回头已经晚了。可见，在生活中，作为女人，你一定要想清楚你追求的是什么，是华而不实的虚名，还是幸福美满的婚姻？千万不要因为迷茫而错过本该属于自己的幸福。那么，对于女人来说，究竟怎么做才能明白自己想要什么呢？

1. 价值取向一定要清晰

很多时候，一个人的价值取向往往决定着他们究竟想要什么，同样，女人也不例外。在选择自己想要的东西的时候，也是由她的价值取向所决定的，比如有的女人选择了金钱，有的女人选择了权势，有的女人选择了爱情等。之所以这么选择，是因为她们觉得这是最有价值的，人这辈子活着追求的就是这些东西。

2. 生活愿景要明确

你渴望的生活究竟是什么样子的？往往这个问题对女人的抉择起着至关重要的作用。有的女人想过风光无限的生活，那么她就会选择权欲；而有的女人想自立自强，那么她所选择的就是不断的奋斗，创造财富，赢得自我；还有的女人想要幸福美好的婚姻，她就会为了爱情而放弃其余的东西。所以，对于女人来说，你要想明白究竟你想要什么样的生活，这很重要。

3. 界定属于你自己的成功尺度

有的人觉得成功就意味着财富，财富越多就越成功；而有的人觉得成功就是在自己所喜好的事业上有所建树；还有的人则觉得家庭和睦，家人健康就是成功。所以，对于女人来说，也要看明白你所谓的成功到底是什么，这样，你在对生活和婚姻的选择上就知道自己想要什么了。

4. 树立属于你自己的幸福标竿

女人都在追求幸福，可是究竟什么是幸福呢？每个人的看法也不相同。有的女人在选择婚姻的时候会向钱看齐，物质越丰富，她才会越幸福，而有的女人更多看重的是感情，两人感情越好，才会越幸福。每个人对幸福的期望不同，她们的追求也不会相同。所以，看清楚幸福是什么，对女人来说，也会让她们明白自己究竟想要什么。

❋ 静下心来，给自己留点思考时间

很多女人在平日里都非常忙碌，忙着工作，忙着约会，很少有时间来思考。结果往往在她们得到了追求的东西之后才发现，自己并不需要，而恰恰在这个过程中却错过了真正需要的东西。这往往是最痛苦的时候，因为有些东西失去了便不可能重来。因此，对于一个聪明的女人来说，不要忙着去追求，你应该给自己留出一定的时间来思考。

大学毕业之后，邓娜并没有听父母的劝告回家去寻找一份稳定的工作。她觉得稳定就意味着平淡，自己还年轻，不如努力去奋斗，去拼搏，去创造自己的天空。

于是，她留在了北京。整整10年过去了，她的职位提升了，做了销售主管，工资待遇也提高了，每个月有五六千元，可是她的内心却非常空虚。这年回家，她突然发现爸爸妈妈脸上的皱纹多了很多，头发也白了很多。突然间，她感觉到心里特别难过，扑在妈妈的怀里哭了起来。

在家的这段日子，邓娜每天晚上都睡不着觉。她翻来覆去地想了很多：自己究竟在追求什么呢？对自己来说，这辈子活着究竟是为了什么呢？自己是不是真的错了呢？自己对父母是不是亏欠太多了？她越想越难过，几次偷偷地哭了。

过完年之后，邓娜回到北京，辞去了在别人看来得来不易的工作，毅然决然地回到了家里。她终于明白了，其实人这一辈子活着的时间也就那么多，父母的年龄一天天大了，那就意味着自己和他们待在一起的时间越来越少了。作为女人，她应该抓紧时间为父母做点事情了。

回到家里之后，邓娜在一个企业里找了一份工作，尽管很辛苦，但是却能跟爸爸妈妈生活在一起。每天看着他们的身影，听听他们的唠叨，还能亲自下厨为他们做上可口的饭菜，一家人团聚在一起，其乐融融。她觉得这才是她想要的。

没过多久，她找到了自己幸福的归宿。结婚后，邓娜大多数时间还是和爸爸妈妈在一起生活，照顾他们的饮食起居，陪他们聊天。邓娜有了自己的归宿，也让爸爸妈妈了却了心愿，因此，老人的精神也好了很多。

故事里的邓娜在大学毕业之后，一直为了追求自己的梦想，而忽略了父母的情感，等她猛然间发现父母已经年老了的时候，感觉心里很难过。随后，她给自己留了充足的时间去思考自己何去何从，最终她做出决定，回到了家里，选择和父母生活在一起。可见，人有的时候，需要时间去思考，需要时间去审视自己，这样才能让他们做出更为正确的决定，走更适合他们走的路。对于女人来说，如何才能做到这一点呢？

1. 忙碌之余抽时间来面对自己

对于很多要强的女人来说，为了比别人生活得好，往往每天都很忙碌，忙碌着挣钱，很少有时间面对自己。这样一来，她们根本没有时间来思考，无形之中，失去了自我。因此，对于女人来说，追求自我并没有错，但是也要抽时间来面对自己的心。看清楚你所追求的是否真的能实现自我的超越，是否真的如你想象的那样有价值有意义。

2. 不妨给自己一些独处的时间

生活中，我们都在为了生存和发展在不断地拼搏着，白天面对同事、领导以及客户，要跟他们相处；晚上回家又要跟丈夫、孩子相处，很多女人根本没有独处的时间，自然没有工夫来思考。这样，时间久了，忙碌会让女人偏离生活的坐标。因此，对于女人来说，在工作和生活之余要给自己留一些独处的时间，让自己去思考。

3. 时常对自己进行深刻的反思

对于每天忙忙碌碌的女人来说，她总认为自己所走的路、所做的努力都是正确的。但是，有时候他们对自己进行深刻的反思之后，才发现或许并非如此。在自己追求所谓的梦想的同时，却失去了很多最为宝贵的东西，比如说亲情、友谊。如果生活中没有了这些情感，那么活着还有意思吗？

4. 千万别拿自己当生活的机器

有很多女人，对待生活非常认真，每天都有自己的日程安排。为了生活，辛辛苦苦地奔波着。这样慢慢地，她就会变成生活的机器。为了生活而生活，为了工作而工作。而实际上，对于我们大多数的人来说，工作是为了更好的生活。如果失去了生活的本质，那么你的辛劳奔波便失去了意义和价值。

❋ 意识到自己的错误，女人要勇于改正

"人非圣贤，孰能无过"，生活中犯错误是避免不了的事情。但是作为女人，犯了错误要认识到自己的错误，并且敢于承认错误，及时地改正，这样才能赢得别人的谅解，才能让自己在人生的道路上越走越远。如果你犯了错误，不思悔改，或者是意识到错误，却因为这样那样的原因而不愿意承认，不愿意改正，那么，你在错误的路上便会迷失自我。

对于尚静来说，她本该拥有自己的幸福，可是，她却亲手把自己的幸福给断送掉了。

事情是这样的。一天，同事文彪邀请她去参加生日派对，由于平日里相处还不错，尚静便毫不犹豫地答应了下来。那天去的人特别多，大家玩得也非常开心，平日里尚静是滴酒不沾的，可是看别的女孩子也在喝酒，再加上朋友劝，尚静就喝了一点。可是自从喝了第一杯之后，她便放不下酒杯了，朋友们不断地碰杯，她也只好频频地举杯。

渐渐地，她感觉到了眩晕，随即就失去了知觉。她醒来的时候，已经是第二天中午了，她翻了个身，突然发现这不是自己的房间，再一看，旁边躺着一个男人，再看看自己，尽管盖着被子，却赤身裸体。于是她大声尖叫了起来，这时候，男人转过身来，她看清楚了，正是同事文彪。

尚静吓坏了，迅速穿好了衣服，逃回自己的家里。那一个星期，她没有上班，文彪不断地打电话给她道歉。渐渐地，她不再恨文彪了，上班之后，就当什么事情也没有发生过。可是文彪并没有就此罢手，经常约尚静

去吃饭。

对于尚静来说，她知道文彪不是真心的，不过是玩玩而已。她也明白自己不想失去小海，她和小海已经整整六年的感情了，而且双方的父母都认识。可是她还是接受了文彪的邀请，就这样经常在一起过夜。

这些事情，尚静的男朋友小海一点也不知道，他依然对尚静关怀备至，依然深深地爱着她。尽管他听到了一些风言风语，但是他却不相信自己的女朋友尚静会是这样的人。尚静和他的相处中，也是在逃避和他身体接触，即便这样，他还是不相信。当然，尚静从来没有承认过。

一次，小海打电话约尚静一起吃饭，尚静说自己在加班没有时间，于是小海约了自己的好哥们一起去吃饭，可是巧的是，在那个餐厅里，碰到了尚静和文彪。小海怒火中烧，走到他们面前，坐了下来。

看到小海之后，尚静慌张地解释说："这是我的同事文彪，刚刚加完班，一起吃个饭。"

小海盯着尚静的眼睛看，什么话也没有说，过了一会儿，他起身离开了。

故事中的尚静在跟同事有了不正当的男女关系之后，知道自己在做错事，但是却没有及时改正，而是一错再错，结果把自己的幸福亲手断送了。可见，对于女人来说，犯错是情有可原的，可是犯了错误，意识到了错误，就要及时地改正错误，这样才能避免一错再错，才能赢得别人的原谅。那么，对于女人来说，如何做到这一点呢？

1. 要勇敢地承认自己的错误

人难免会犯糊涂，会犯错误，但是犯了错误之后，要有勇气去承认自己的错误。只有承认了自己的错误之后，你才会有改正的想法，否则就会给再次犯错误埋下伏笔，会为了掩盖你的上一个错误，而去犯更大的错误。所以，对于女人来说，如果意识到自己犯错误了，那么一定要勇敢地承认自己的错误。

2. 要对自己的良心负起责任

很多时候，我们做对了还是做错了，只有自己的良心最清楚。如果你做错了事情，只要改正，你就会获得自己的谅解；如果你死不悔改，一错再错，连你自己都不会原谅自己。事实上，这时候你已经放弃了自己，彻底断送了自己要改邪归正的机会。所以，对于女人来说，如果意识到自己犯了错误，一定要及时改正，对自己的良心负起责任。

3. 一定要有痛彻悔改的决心

犯了错误之后，要痛定思痛，深刻认识到自己的错误，这样你才能下定决心去改正错误。如果你觉得也无所谓，那么很有可能你会接着再犯类似错误，甚至会犯更大的错误。同时，别人看到你并没有悔改之心，也不会原谅你。所以，对于女人来说，犯了错误之后，一定要痛彻地认识自己的错误，为自己改正错误赢得最大的机会。

4. 不要担心他人不会原谅你

很多女人犯了错误之后，尤其是原则性的错误，总是担心别人不会原谅自己，因此也就放弃了悔改的心，继而在错误的路上越走越远。事实上，大多数人不会因为你犯了错误就放弃你，只要你认真的改正，一样会原谅你。所以，对于女人来说，如果意识到自己真的犯了错误，那么不要担心别人不会原谅你，一定及时改正，为自己赢得机会。

第 4 章

逆境情商：
女人要有应对生活变故的能力

生活往往有太多的变数，谁也不知道下一刻将要发生什么事情。在面对突如其来的变故的时候，人往往会六神无主，不知所措。尤其是女人，胆子小，没有主见，在这个时候更是乱作一团。对于女人来说，如果在这个时候，你不知道该怎么去应对，那么就意味着你无法掌控局势，甚至无法掌控好自己，让自己沉浸在痛苦的深渊里无法自拔。那么，作为女人，在面对生活的突然打击的时候，究竟该如何做才能应付自如呢？这就是我们在这一章要解决的问题。

❉ 勇往直前是人生的常态

人有着征服生活的勇气，对于大多数人来说，不管遭遇什么样的打击和挫折，最终都会积极向上，勇往直前地去面对生活。对于女人来说，也要这样。在遭遇了生活的挫折和命运的打击之后，也要想尽一些办法来积极生活，只有这样，你才能从阴影中走出来。否则，你便是生活的懦夫，输给了自己，输给了生活。

晴晴是个非常聪明的女孩子，尽管只有12岁，可是钢琴却弹得非常好。有朋友曾经开玩笑地说，她将来一定是中国最美丽的钢琴师。可想而知，晴晴听到这话是多么开心。

可是，命运却跟她开了个不小的玩笑。一次，她去参加同学们组织的爬山活动，不小心从山上滚了下来。尽管大家迅速把她送到医院抢救，命虽然保住了，可是因为受到了巨大的创伤，不得不截肢。这对晴晴来说，可想而知有多么难过。那一段日子，她常常哭泣，眼睛总是红红的，爸爸妈妈看在眼里，疼在心里。

没有了手，晴晴常常坐在钢琴面前发呆，有时候一个人趴在钢琴上流眼泪。为了让晴晴从生活的阴影中走出来，爸爸妈妈悄悄地把钢琴抬走了。晴晴得知后，哭着闹着一定要爸爸妈妈抬回来，无奈，爸爸妈妈只好又把钢琴抬了回来。

从那之后，晴晴开始慢慢地练习用脚来弹钢琴。她经常从椅子上翻滚下来，但是她没有喊过疼，也没有哭过，而是咬着呀一直坚持地练习。半年过去了，晴晴能在椅子上坐得住了，而且还能弹一些基本的调子了，一年之后，她能弹一些曲目了。

时间过得很快，转眼间过去了五年。在这五年中间，晴晴没有像别的小朋友一样去上学，而是把自己关在屋里，苦练钢琴。五年之后，她已经完全可以用脚来熟练地演奏钢琴了，而且在全国性的比赛中，一举取得了一等奖的好成绩。

所有人都被她深深地感动了。记者采访时间她究竟是如何坚持了下来的，她只说了一句话：要好好活着。也正是因为她记着这句话，所以才一直坚持不懈地努力着。

故事里的晴晴本来是个音乐天才，但是命运却跟她开了个不小的玩笑，让她失去了双手，但是她并没有因此而向生活屈服，依然用坚强的意志赢得了命运的尊重。可见，对于我们来说，生活的打击和挫折是人这一辈子避免不了的事情，关键在于你是否坚韧不拔地接受生活的挑战，是否能够坚持下来。那么，对于女人来说，在遭受了生活的挫折之后，究竟该如何做才能让自己勇往直前呢？

1. 不要放弃自己

很多女人在遭受了生活的挫折和磨难之后，便开始破罐子破摔，放弃了自己。不是抱怨生活不公平，就是迁怒于造化太弄人，事实上，一个生活的勇者是不会抱怨的。如果连你都放弃了自己，那么生活可能真的就会放弃你。因此，对于女人来说，即使遭遇了再大的伤痛，也不要随便放弃自己。

2. 有跟命运作斗争的勇气

有的人总觉得命运对待自己不公平，似乎跟自己开了个很大的玩笑。但是，作为一个坚强的女人，你要明白，即便真的如此，你也不能任由命运来左右你，你更需要有和命运作斗争的勇气和毅力。只要你不屈服，命运就会向你屈服。所以，对于女人来说，与其哀怨命运的不公，不如积极站起来跟命运斗争。

3. 要坚持不懈地挑战自己

在遭遇了生活的蹂躏之后，或许此时你失去的东西太多了，比如说故事中的晴晴。她失去了双手，可是，她毅然决然地站立起来，挑战自己，用双脚去延续自己的音乐梦。最终，在她付出了艰辛的努力之后，如愿以偿地战胜了自己。因此，对于女人来说，只要你足够坚强，敢去挑战自己，没有什么不可能的事情。

4. 相信你的命运你做主

生活中挫折和磨难是每个人都无法回避的。因此，很多人总是觉得命运掌握着自己，它让你怎样，你就得怎样。事实上，并非如此，你要坚信你的命运由你自己来做主，而不要听天由命，让你的命运来决定你，否则你只能在哀怨声中自暴自弃。对于一个坚强的女人来说，更需要她去掌握自己的命运。

❈ 在逆境中坚持自己的方向

人的一生不可能一帆风顺，遭遇失败和挫折是避免不了的事情。在逆境中，我们可能会看不到前面的方向，还有不可预知的困难阻碍前进的方向，此时我们甚至可能因此而怀疑自己的方向。这时候，人往往会动摇自己的信念。

如果你有了想要放弃的想法和念头的时候，作为女人，你一定要咬牙坚持，逆流而上，努力按着自己的方向前进。只有这样，你才能战胜困难，挑战自己，从逆境中走出来。否则，你将永远被自己的退缩所困扰，因为逃避和放弃会无形之中给你贴上被否定的标签。

也不知道究竟是怎么了，公司销售部的金牌销售员丁艳最近陷入业绩低潮，不但半个多月没有拿下一个订单，而且之前很多下了订单的客户也纷纷来电话要求退货。

对于丁艳来说，她就是销售部的一个标杆，一个大家努力学习的榜样，可是却遭遇了工作上的滑铁卢，这着实让她痛苦和难受。尤其是同事们的冷言冷语，更是让她受不了，她开始怀疑自己的能力了。

这天，她坐在办公室桌前发呆，想找出出现这种状况的原因，可是想来想去，也想不明白究竟是为什么。她觉得自己或许真的不适合再干销售了，她没有了往日的激情，甚至失去了经商创业的梦想，她觉得自己就是个地地道道的失败者。

这天，她一个人垂头丧气地在街上闲逛，突然，她看到一个20多岁的小伙子，正弯下腰在修自行车。从小伙子发出的声音中，她感觉他做得非常吃力，她觉得很好笑，一个大小伙子修理个自行车有什么费劲的。正当她转身离开的时候，她突然看到，小伙子没有手，正用手腕在不停地拧螺丝，虽然很吃力，但是小伙子却干得非常认真。

刹那间，丁艳被深深地震撼了。小伙子在失去双手的情况下，还能坚持自食其力，而自己仅仅是受到了一些挫折和失败，就开始怀疑自己，开始否定自己，有了放弃的念头，在残疾小伙子面前，自己是不是太过渺小了？自己所受的这些失败，对于他来说算得了什么吗？还有什么理由说自己不行呢？

想到这里，丁艳的心顿时轻松多了。她放下了思想包袱，再次积极地投入到了销售当中去，认认真真地去拜访每一个客户，记下了他们的意见和建议。慢慢地，丁艳的努力再次获得了客户的认可，她的客户逐渐多了起来，甚至离开的一些老客户也回来和她合作了。没过多久，丁艳再次成为公司里的金牌销售员。

故事里的丁艳在工作中出现了失误之后，开始怀疑自己、否定自己，甚至有了放弃的念头，但是在她亲眼见了残疾小伙子努力生活的场景之后，她感觉到了自己的渺小，随后，她坚持了下去，努力工作，最终找到

了以前的自己。可见，人生遇到挫折和失败在所难免，关键还要看你能否在逆境中坚持下来，顺着自己的方向努力拼搏。那么，对于女人来说，如何才能让自己在逆境中坚持自己的方向呢？

1. 把挫折当成是上天的赏赐

很多时候，我们在遭受了生活的挫折和打击之后，觉得自己很失败，连自己都瞧不起自己。这时候，作为女人，不妨转变一下思维，把挫折当成是上天的赏赐。只有你能力强，才能获得这种承受苦难的资格，那么既然你有这种资格，就要证明给自己看。当你这么想的时候，你就会积极努力地坚持自己的方向，努力拼搏，勇敢走出逆境。

2. 要有越挫越勇的积极心理

对于一些懦弱的人，在遇到挫折和失败的时候，会选择逃避和放弃，因为他们经受不住生活的这些磨难。相反，对于一些坚强的人，则会越挫越勇，遇到的压力越大，他们的斗志越强。因此，对于女人来说，要有越挫越勇的积极心理，把逆境当成是成长必经的历练，这样，你就有足够的勇气坚持自己的前进方向。

3. 不要随意对自己产生怀疑

即使你现在遭受了挫折，失败了，但是并不能说明你的能力不行，换个角度说，你还有更长的路要走，有更多的东西要学习，需要你付出更多的努力。作为女人，失败了并不可怕，这正好让你看到了自己的不足。你应该感到庆幸，因为你的缺点和不足暴露得越早，你就能越快地不断完善自己。

4. 不能给自己贴失败者的标签

如果你因为一次失败就放弃了，退缩了，那么无形之中就给自己贴上了失败者的标签，在自己面前，永远也抬不起头来，即便以后再面对别的事情，你会同样无法勇敢接受挑战。所以，作为女人，面对逆境和困难的时候，不要随便退却，要加把劲，迈过这个坎。当你战胜了自己，也就是你赢得胜利的时候。

❋ 不要让恐惧打垮自己

很多女人的胆量非常小，在遭遇生活的变故之后，总是心惊胆战，害怕自己会受到伤害。往往越是害怕，越没有勇气去面对，越会选择逃避或者退却。事实上，有些事情不是逃避就能解决掉的，还有可能使得情况越来越糟糕。这时候，如果你鼓足勇气，勇敢地去面对，或许你会发现，事情远没有你想象的那么可怕。

琼斯是一位新闻专业的学生，在学校里对自己的专业兴趣并不大，所以大学所修的课程也就都是马马虎虎及格而已。大学毕业后，琼斯不想从事新闻事业，所以就打算找别的工作，可是自从毕业后，她也参加了很多面试和招聘，但都被人家以专业不符而拒绝了。

无奈之下，她只好参加了当地报社的招聘，最后她考入当地的《明星报》任记者。虽然自己不喜欢这份职业，但是为了生存，琼斯还是接受了，因为她明白，如果她放弃了这份工作，那她就会失去生存最基本的物资，毕竟现在的就业压力很大，有很多人都还对她这份工作求之不得呢！

第一天上班，上司就交给了琼斯一个任务：采访大法官布兰代斯。当琼斯听到这个人名时，并不是欣喜若狂，反而是愁眉苦脸。因为这位布兰代斯是一位很有名气的人物，而且琼斯任职的报纸并不是当地的一流大报，更要命的是琼斯也只是一名刚刚出道、名不见经传的小记者，以这样的身份去采访这位大法官，她又怎么可能接受呢。

周围的同事们看到琼斯刚来上班，领导就交了这么重要的一项任务给她，认为上司是很器重她，对此，同事们也都很羡慕琼斯，可是琼斯不是这么想，她还觉得是上司在故意刁难她。

看着同事们对自己的奉承，琼斯心里更是害怕完不成这份任务，她越想越害怕，甚至最后她觉得他自己根本就不是当记者的料。琼斯的同事史蒂芬在获悉了琼斯的苦恼后说："我很理解你。让我打个比方，你好比躲在阴暗的房子里，想象外面阳光多么炎热。其实外面究竟如何，最简单有效的办法就是向外跨出一步。"

听完史密斯的话，琼斯明白了："你把困难想象的有多大，那困难就会变成多大。"之后，琼斯决定先跟布兰代斯的秘书联系一下，于是，她就拨通了对方的电话。并直接对对方说出了自己的要求，就这样他很成功地约到了布兰代斯接受采访。

自从这件事情结束后，琼斯在以后的工作中不管遇到多大的困难，她都会时常暗示自己："别让困难在你心中变大。"也就是在这种心理暗示下，琼斯总是能够在面对困难时，很好的调整自己，也总是能够以最积极的心态面对工作和生活，多年以后，昔日羞怯的琼斯成为了《明星报》台柱记者。

就像故事里的琼斯一样，正是因为她内心恐惧，总是担心自己做不好，所以不敢去做，好在她战胜了恐惧，让自己变得足够的坚强。可见，对于女人来说，在遇到生活的变故时，千万别恐惧和担忧，别用逃避和退却来解决问题，而要选择勇敢地面对。那么，作为女人，如何才能做到这一点呢？

1. 心里不断对自己说"别怕"

女人天生胆子小，遇到生活的变故时，往往心惊胆战，说话的声音也开始颤抖了，身体也开始不断地抖动，有的甚至站都站不稳。事实上，你越这样，你内心的恐惧会变得越强大，从而让你的精神彻底垮掉。这时候，作为一个勇敢的女人，不妨在心里不断对自己说"别怕"，这样，在积极的心理暗示之下，你的恐惧会减弱很多。

2. 不要选择逃避来解决问题

一般情况下，人在遇到恐惧的时候，第一反应是迅速离开，逃避恐惧。事实上，你只是自己逃避面对，可是事情还是依然存在。比如故事中的海华，出现交通事故的时候，她逃走了，可是车祸这件事情并没有因此而消失，她的逃逸没有从根本上解决问题，还给她带来了不小的麻烦。所以，对于女人来说，一定要清楚，逃避并不能真正地帮助你消除恐惧。

3. 咬咬牙，勇敢地站起来面对恐惧

很多女人，在感到恐惧和害怕的时候，往往会蹲下来，抱紧自己的身体。事实上，这样会让你的心越来越软弱，会让你感觉到越来越恐惧。这时候，作为一个勇敢的女人，不妨站起来，给自己壮胆，一般情况下，站起来就意味着要面对。有了这个心理暗示之后，即使再害怕和恐惧的事情，在你的心里也会平静很多。

4. 用镇定的态度稳住心神

对于女人来说，在遇到生活的突然变故之后，往往表现得慌乱不堪，事实上，这是内心恐惧的外在表现。你越慌乱，越不知所措，你内心的恐惧会越强烈。所以，作为女人，这时候就要让自己镇定一些，让自己的心安静一些，这样不但使你冷静下来想到解决问题的方法，也会让你内心的恐惧减弱很多。

❋ 丢掉烦恼是振作起来的前提

我们总会因为很多事情不能遂愿而内心纠结，感到痛苦和失望，在这种消极的情绪笼罩之下，要想振作起来就显得有些困难。尤其是女人，总

把感情看得重，往往不容易从烦恼中走出来。即使勉强振作起来了，一旦想起过去，便再次感觉到伤心和难过，很难摆脱阴影。因此，要想振作起来，就要彻底忘掉这些烦恼。

生活对于王倩来说，或许真的不公平。她和男友小平苦苦相恋了整整十个年头，他们同甘苦，共患难，彼此互相鼓励和支持，一路走到今天。就在王倩开始憧憬幸福的时候，男友小平却突然变心了，和一个有钱人家的千金小姐结了婚。这对王倩开说，着实是个不小的打击。

她哭过，闹过，也痛苦过，最终不得不接受这个事实。半年后，王倩依旧沉浸在伤痛中无力自拔，就在这个时候，同事淮安向她表白了感情。

一开始王倩拒绝了，可是淮安对她非常好，而且态度坚决，慢慢王倩的心被他感化了，于是他们牵手了。由于经历过了一次伤害，王倩无法重拾爱的感觉，其实她再也不敢轻易去爱了。

淮安是个非常有耐心的人，或许说他真的爱王倩吧。他总是想尽一切办法哄王倩开心，只要王倩喜欢的东西，他都会弄回来，即使再难他也会千方百计地去想办法。因此，王倩心里非常信任淮安，也慢慢开始喜欢上了他。

这天，淮安牵着王倩的手在公园里散步，两个人一路上说说笑笑。到了公园的深处，见四周无人，淮安轻轻抱着王倩，慢慢靠了上去。就在他刚刚亲吻王倩的时候，王倩突然一下子将他推开了，淮安沉浸在幸福之中，没有丝毫的准备，一下子跌倒在地。他迅速爬起来，反而关切地问道："倩倩，没事吧？"

王倩的脸色非常难看，她转过头去，陷入了沉思之中。原来就在刚才淮安吻她的时候，她想起了小平，想起了和小平初吻时的情景，想起了和小平约会的点点滴滴，再想想现在，物是人非，她再次陷入了伤痛之中。

从那之后，每次淮安吻她的时候，都会遭到拒绝。发展到后来，王倩拒绝和淮安牵手或拥抱等亲密举动。尽管淮安很爱王倩，可是由于始终无法逾越这个坎儿，淮安终于心灰意冷，也就慢慢地放手了。

故事里的王倩因为苦苦经营了十年的感情以男友小平的背叛结束，因而陷入了巨大的伤痛中无力自拔。后来尽管和淮安牵手了，可是由于无法忘记过去的点点滴滴，从而很难振作起来，面对新的感情，结果因为无法和淮安建立正常的恋爱关系而被迫放弃。可见，对于女人来说，要从过去的伤痛和烦恼中振作起来，丢掉曾经的一切烦恼，好好珍惜眼前的生活。那么，作为女人，究竟如何做才能忘记烦恼，振作起来呢?

1. 不要对过往再抱有幻想

很多时候，人都喜欢回忆曾经的经历，尤其是女孩子，对于一些刻骨铭心的东西，往往很难忘却。如果这些经历能给你带来快乐和幸福，那么回忆会感到幸福;如果那些回忆让你陷入痛苦的深渊，那么就要学会忘记。对于女人来说，不要再对自己的过往抱有幻想，要在潜意识里告诉自己，那已经是过去了，是历史了，只有这样，才会给心灵新的空间去面对崭新的生活。

2. 及时清扫心中的阴霾

对于女孩子来说，要忘记曾经发生的至今记忆犹新的事情，是一个不容易跨过的坎儿。但是作为女人，你要明白，这些记忆已经成为你的烦恼和痛苦，是你内心深处的阴霾。如果不及时地清除掉，你便无法正常的生活。因此，作为女人，一定要学会把心中隐藏的阴霾彻彻底底地打扫干净，从而有机会让自己重新振作起来。

3. 尽量避免触及与之前烦恼有关的物

俗话说:触景伤情，很多时候，我们并没有办法完全把历史割断。尽管你已经把所有的过去都忘记了，可是一旦看到与之前相关的物，听到相关的话，脑海中自然还会想起之前的事情。所以，对于女人来说，忘记是需要时间的，如果时间不够，那么最好避免再提及相关的话题，避免看到相关的物。这样能帮助自己从曾经的烦恼中走出来。

4. 不妨培养新的兴趣转移注意力

对于女人来说，当你发觉自己不管怎么努力，都没有办法彻底摆脱烦恼的纠结，那么不妨培养新的兴趣，转移你的注意力。当你有了新的兴趣之后，你就会慢慢忘记过去，即使之后你再次想起来，痛苦已经变淡，甚至消失了。你会发现，过去的那些烦恼或许对你也没有那么重要了，这时候，你已经成功摆脱了烦恼的纠结，振作了起来。

❋ 在逆境中转移自己的注意力

很多时候，我们对刚刚发生的事情过于挂怀，是因为我们的注意力集中在这个点上。同样，在遭遇了生活的挫折和打击，跌入人生的逆境之后，你的注意力便容易集中在那些失败的事情上，因而感觉到痛苦和绝望。尤其对于女人来说，更是如此，因此，作为女人，要学会及时转移自己的注意力，让自己从容地走出逆境。

在大部分同学去上大学的时候，程晨做出了惊人的抉择，她放弃了上重点大学的机会，而是选择了去下海做生意。这着实让亲戚朋友不理解，但是程晨是个非常有主见的人，一旦做出了决定，就是九头牛也拉不回来的。

说干就干，她跑遍了所有亲戚朋友的家，筹借了整整10万元钱，在市内的繁华区开了自己的一家服装店。由于程晨眼光独到，她所选的衣服都非常流行，深得顾客喜欢，所以，一度生意非常好。

后来，随着市场越来越饱和，利润也越来越低，程晨的生意大大不如以前了。再加上这个时候爸爸生病住院，她需要去医院陪护，小店关门歇业了一段时间，这让生意受了严重的影响。后来，她不得不赔钱把店转了出去。

生意的失败让程晨受了很重的打击，再加上家里也在不停地责怪她当初不上大学，因此，这一段时间，程晨感觉非常痛苦。为了逃避家里人的唠叨，她有时候都不敢回家，就在朋友亲戚家里过漂泊不定的生活。

由于压力大，她学会了抽烟喝酒，常常一个人喝得大醉，借酒精来麻醉自己。可是酒醒之后，痛苦一样围绕着她，无法驱散。她太想做出点事情来证明自己了，可是偏偏却失败了，她无法面对自己。

在这期间，程晨认识了一个叫做雨燕的女孩，她是一个绘画专业毕业的大学生。雨燕常常带着画板坐在街角，为行人免费画像，这引起了程晨的注意。这天，她走过去认真看雨燕画画，雨燕看她观察的很投入，于是和她聊了起来，很快，她们成了无话不谈的朋友。

于是，程晨每天都去看雨燕画画，雨燕也给她讲一些基本的绘画知识。程晨渐渐地对画画产生了浓厚的兴趣，那段时间，她跟着雨燕去野外写生，慢慢地，她的绘画技巧得到了很大程度的提高。

这时候的她早已经把生意的失败忘记得干干净净了，满脑子都是如何画画的事情，自然再也不会去抽烟喝酒伤害自己了。

故事中的程晨因为做生意失败，而陷入了深深的痛苦当中无力自拔，后来她结识了雨燕，开始对绘画产生了浓厚的兴趣，渐渐把伤痛忘记了。可见，对于女人来说，在遭遇了生活的挫折和打击之后，如果你觉得无法摆脱阴影，那么不妨转移自己的注意力，帮助自己走出逆境。那么，作为女人，究竟该如何做到这一点呢？

1. 培养你的兴趣爱好

如果你的兴趣爱好少，甚至没有什么特别的爱好，往往会觉得精神无所寄托。尤其在你陷入痛苦的深渊之后，注意力没处转移，便会集中在你的痛苦上，不断纠结自己，让你痛苦不堪。因此，作为一个聪明的女人来说，如果你感觉到非常痛苦，不妨多培养一些兴趣爱好，以此来转移你的注意力。

2. 结交一个知己好友

多结交一个朋友，你就会多了一个世界，你的目光便不会只集中在自己的身上了。同时，你也可以把你的痛苦烦恼跟朋友聊一聊，这在一定程度上能减轻你的痛苦。因此，对于女人来说，当你感觉到陷入痛苦中无力自拔的时候，不妨去结交一个知己的朋友，把你的注意力转移到对方的世界里。

3. 不妨参加一些探险

往往人在痛苦的时候，心里会非常压抑，总觉得憋屈得难受。这时候，对于女人来说，不妨去参加一些具有冒险性质的活动，比如健身攀岩等。在寻求刺激的同时，让你内心的压抑得到及时的发泄，同时，也能不断地挑战自我，重塑信心。当然，在选择冒险的时候也要注意安全，做好防范，不要留下心里阴影。

4. 适当出去旅游

不可否认，扩大视野能让你的心逐渐变得宽广坦荡。当你在痛苦的时候，心胸压抑，焦点便集中在给你带来痛苦的事情上；如果你能把自己的心变得豁达，那么那些看起来让你痛苦不堪的事情，也就变得渺小了，对你的影响也微不足道了，你也就不会再感到痛苦了。因此，对于女人来说，如果你觉得很痛苦，那么不妨出去旅游，开阔视野，让心胸变得宽阔。

❀ 女人不是软弱的代名词

作为女人，很多时候我们在潜意识里会认为自己很软弱，所以在遇到事情的时候，往往不由自主会后退，表现出软弱的样子。事实上，女人并不是天生软弱的，只要你认为自己很坚强，你就会以积极的态度面对事情。因此，作为女人，不要给自己贴上软弱的标签，女人，并不是软弱的代名词。

和所有的女人一样，在结婚的这一天，王硕打扮得非常漂亮，她憧憬着幸福。结婚后，小两口非常恩爱。可是，或许他们太幸福了，惹得老天嫉妒了吧，当他们的孩子降生之后，全家人的脸上便再也没有出现过笑容，尤其是王硕，每天以泪洗面。

原来，她的孩子并不是一个正常的婴儿，而是一对连体婴。当时，孩子出生了之后，吓坏了所有的人。可是，这样的孩子究竟该如何抚养呢？

这年秋天，丈夫因不喜这连体的孩子，向她提出了离婚的要求，就这样王硕带着连体婴儿走出了婆家的门，带着孩子独自艰难地生活了起来。随着孩子慢慢长大，王硕的生活越来越艰难了，孩子吃喝拉撒都需要王硕的精心照顾，这样她就不能出去工作，家里就没有了收入，每个月靠着政府的一点救助金艰难地度日。

可是，生活往往太过残酷，有一天，孩子突然呕吐不止，她急忙抱着孩子赶往医院。医生检查说，孩子患有先天性心脏病，需要换心脏才能活下去。暂且不说高昂的手术费如何筹集，现在孩子太小，暂时还不能做这样的手术，只能用药物来巩固治疗，可是治疗的药物又是惊人的贵。

身边的朋友都劝她放弃孩子，就连医生也这样劝她，可是，王硕还是哭着拒绝了。无论如何她不能放弃，这是她的孩子，她不能看着他们就这么死去。

于是她四处想办法凑钱，可是这个时候，她还能从哪里凑到钱呢？最后没有办法，她偷偷跑去血站卖血，由于长期的劳累，她本身就骨瘦如柴，再加上抽血，好几次从血站出来，她都晕倒在地上。

后来，血站的工作人员拒绝再给她抽血。于是，她三番五次地跑去跪着求。尽管如此，卖血的钱远远不足以支付孩子们的治疗费，最后，孩子不治身亡。看着孩子冰凉的尸体，她没有流一滴眼泪。

故事中的王硕生下了一对连体婴儿，所有的痛苦和磨难随着孩子一起降临她的身旁。但是她并没有被打倒，而是坚强去面对，顽强地和生活作斗争。可见，女人并不是天生软弱，关键在于你是否愿意坚强起来。那么，作为女人，究竟如何让自己坚强起来呢？

1. 不要去抱怨生活艰辛

通常情况下，我们在遭遇到生活的挫折和打击之后，就会怨天尤人，抱怨老天不公平，抱怨别人对你不够好。事实上，只有弱者和懦夫才会向生活抱怨，你的抱怨只能换来别人的同情，只能表达你在示弱。对于一个坚强的女人来说，是绝对不会轻易抱怨的，她们更多的是接受现实，然后努力去改变现实。因此，对于女人来说，不管遇到什么样的挫折，都不要轻易去抱怨生活，让自己坚强一些。

2. 勇敢接受生活的疼痛

其实，生活对每个人都是公平的，关键在于你自己是否对自己公平。如果你对自己公平，那么就去勇敢地接受生活的疼痛和伤害，你会发现，其实生活的这些不如意，往往能让你更加自信，更加坚强。在接受这些痛苦和折磨的时候，要学会感受其中的乐趣，对已婚女人来说，要勇敢地去接受生活的疼痛和伤害，这样，你会慢慢平和快乐起来。

3. 不要刻意强调自己是一个女人

很多时候，在我们的潜意识里，会觉得女人就是软弱的，是脆弱经受不住打击的。当你这么想的时候，在挫折和打击面前，你就会不由自主地软弱下去。如果你不再刻意强调自己作为女人会怎样，那么你的潜意识也不会暗示你是软弱的。当你自己不软弱的时候，别人怎么可能让你感到软弱呢？

4. 不要轻易说做不到

很多事情对于一个女人来说，做起来会有很大的困难，在面对这些困难的时候，有些女人总是告诉自己做不到。当你认为自己做不到的时候，或许你真的就没有办法做到；如果你告诉自己，你一定能行，一定能做到，那么你在做的时候，或许真的就做到了。所以，作为女人，不要轻易对自己说做不到，要信心百倍地说："我能做到。"这样，你会慢慢地发现，你很坚强。

❋ 冷静分析让逆境去而不返

在生活中，我们遭受到失败和挫折之后，往往只顾着表达自己的情绪，让自己沉浸在痛苦和折磨里面。这时候，如果有人帮你冷静地分析现状，你的痛苦立刻会减轻很多，继而会选择最佳的处理办法。因此，对于女人来说，不要只顾着让自己伤痛，适当的时候让自己冷静下来，认真分析和思考，这样你会更加容易接受现实，从逆境中走出来。

晓雨家境好，从小生活在蜜罐里，从没有经过任何的苦，遇到困难的事情，爸爸妈妈什么都替她解决了，所以每天生活得无忧无虑，非常开心。可是，世事往往无法预料。这年夏天，晓雨的爸爸突发心脏病离开了人世，妈妈悲伤过度，也住进了医院，没过几天也撒手西去。一个好端端的家顷刻间散了架。以往衣食无忧的晓雨一下子变成了孤苦伶仃的一个人。

晓雨哪里承受过生活的这些变故，顿时间不知所措，陷入了极大的悲伤之中。她孤零零地待在偌大的房子里，感到孤独和绝望，常常看着爸爸妈妈生前待过的地方和穿过的衣服，暗自神伤。

整整两个星期，晓雨把自己关在房子里不肯出来。这天，晓雨躺在床上，眼睛直勾勾盯着天花板发呆。突然，传来了敲门声，晓雨猜可能又是亲戚朋友们劝慰自己，没有理睬。不一会儿，敲门声停止了，一个中年男人在门外面说："请问晓雨小姐在家吗？我是你爸爸的私人律师，你爸爸在临终前有一份遗嘱放在我这里，要我亲自拿给你。"

晓雨有气无力地说："你看着处理吧，我现在很累。"

律师并没有离开："小姐，这份遗嘱非常重要，事关你爸爸的财产分割。你爸爸妈妈去世已经过去整整半个月了，如果再不处理好财产继承，会出问题的。"

听到这里，晓雨打开了房门。律师将爸爸的遗嘱放在晓雨面前，说："你爸爸将一个公司和五处房产以及大量的股票全部留给了你，现在公司没有人打理，一片混乱，董事会的各个董事也蠢蠢欲动。这时候如果你不及时出现，很有可能公司的财产会被别人窃取，作为你父亲的委托律师，我得提醒你。"

晓雨顿时来了精神，跟着律师来到爸爸的公司，以合法的身份接任了公司董事长的职位。

故事里的晓雨在遭受了失去父母的巨大打击之后，沉浸在伤痛中无力自拔。当律师将情况认真给她做了分析之后，她很快从痛苦的泥塘中挣扎了出来，承担起应尽的责任。可见，很多时候，我们总是觉得很受伤，很痛苦，那是因为你想要受伤，如果你不想受伤，又有谁能伤害得了你呢？对现实的正确分析会让你走出逆境。那么，对于女人来说，在陷入痛苦的泥塘之后，究竟如何才能冷静分析，走出逆境呢？

1. 冷静想一想接下来该怎么办

人在悲伤和痛苦的时候，往往智商是零。这时候如果轻率做出什么决定，很大程度上有不成熟因素。但是，作为女人，不能总被自己的情绪所左右，还要考虑接下来该怎么办。当你认真思考这个问题的时候，你做出的决定相对来说会更成熟。所以，对于女人来说，在承受痛苦和悲伤之余，要冷静想一想如何解决接下来的问题。

2. 不要试图逃避现实生活

很多女人非常情绪化，在面对痛苦和悲伤的时候，往往不管不顾，一个劲地宣泄自己的情绪。可是，现实生活却是无法逃避的。无论你多伤悲，也只能暂时逃避，但迟早要面对现实。当认识到这一点，你就会去分析现实情况，在权衡利弊之后，做出自己的决定。这时候，你也就慢慢地从逆境中走出来了。

3. 要明白情绪不能解决问题

很多问题需要认真思考，认真对待，伤悲和痛苦情绪的表达并不能帮你解决问题。并且，如果你一直沉浸其中，有时还会让问题更加复杂，反而难以解决。比如故事中的晓雨，如果一直沉浸在伤痛当中，势必会造成公司的变故。当她认识到现实之后，她的痛苦也就不会那样强烈地主导情绪了。

4. 要学会接受无法改变的现实

生活的突然变故往往让我们无法接受，巨大的痛苦和悲伤让我们无法承载，但你要想清楚，这个现实无论如何也改变不了。作为女人，你要做的就是要试着去接受它，当你真正接受了现实之后，你就会冷静地分析，就会走入到现实生活中来，痛苦给你带来的逆境情绪也就慢慢地退去了。

❀ 忍耐力是避风的伞

面临生活的打击或遭遇到突如其来的变故时，很多女人往往表现出惊慌失措的状态，她们心理上受不了巨大的落差，往往精神会垮塌掉。这样会使得更大的伤害和痛苦莅临。这时候，对于坚强的女人来说，如果你能承受得住这个打击，那么你就找到了避风的伞，在一定程度上免受内心的折磨和痛苦。

黄一是个苦命的女人，刚刚结婚不到五年，丈夫便因为突如其来的车祸而撒手西去，给她留下了一个只有两岁半的儿子。丈夫是黄一的依靠，更是她的全部，这场车祸，把黄一推入了痛苦的无底深渊。

那一段日子，黄一不吃饭、不睡觉，孩子哭了也不管，只是一个人静静地发呆。母亲得知这个状况后，怕她想不开，急忙把她和孩子接到了娘家，有了母亲的精心照顾，黄一慢慢挣扎着恢复了过来。可是，从那之后，她便不说话了，就连跟自己的母亲也不说，脸色阴沉。

除了不说话之外，黄一把事情都做得很好，每天做饭、洗衣服，精心伺候孩子，闲暇还去找一些零工做活挣钱。

这时候，黄一刚刚三十岁，还很年轻，于是很多媒人上门提亲，但都被黄一拒绝了。就这样，她带着孩子一过就是十年。当孩子长到十二岁的时候，黄一带着他离开了娘家，独自去生活了。转眼间又过了十年，期间她给人家做过保姆，在医院打扫过卫生，洗过厕所，只要能赚到钱，她都不挑不拣。她还在闹市区卖起了早餐，每天忙得不可开交，可是她却从来没有抱怨。

当儿子大学毕业时，她已经存下30多万元钱。这让很多人不敢相信。后来，黄一为儿子娶了媳妇，买了房子。

故事里的黄一，在遭受了生活的打击之后，并没有一蹶不振，而是坚强地站立起来，勇敢地和生活抗争。她不但倔强地生活了下来，而且还为儿子买了房子，娶了媳妇。如果当初她坚持不下来，那么更多的伤害和疼痛就在不远处等着她呢。那么，作为女人，在面对生活磨难的时候，究竟该怎样做才能让自己坚持下来呢？

1. 不要对生活绝望

即使你遭遇到常人无法忍受的痛苦，但至少你现在还活着，这就是上天最大的恩赐。所以，对一个坚强的女人来说，无论如何都不要对生活绝望。事实上，人活着就是靠精神在支撑着，如果你绝望了，那么你的精神便瞬间倒塌，你也就失去了继续生活的勇气。对生活有点信心，对自己有点信心，告诉自己，你还没有糟糕到失去生命的地步。

2. 让自己变得坚强一些

面对生活的痛苦和折磨的时候，如果你觉得自己已经撑不住了，那么这些困难和挫折就会在你的心里变得越来越大，让你越来越没有勇气。相反，如果你告诉自己，我很勇敢，我能坚持，那么，你的努力会让这些折磨和痛苦变得不足为道了。所以，作为女人，一定要坚强一些，事实上，你软弱了也不会得到别人的帮助，你总要独自面对。

3. 对未来生活一定充满信心

很多时候，我们有了希望，就有了力量，同样，在遭受生活的不如意之后，一定要对自己未来的生活有一点信心。比如故事中的黄一，一个人带着孩子默默承受着太多的困苦，可是她心里一直有个希望，那就是把孩子养大成人，孩子一定会很有出息，生活一定会慢慢好起来的。正是因为她有了这个希望，才坚持了下来。

4. 软弱和无助时咬紧牙挺过去

人都会有软弱的时候，尤其是女人，当遭遇生活的摧残和蹂躏，她们更容易脆弱，感到无助和绝望。这个时候，千万不要让自己放弃，如果你放弃了自己，那么之前的所有坚持都失去了意义，相反，说不定还会迎来更多的痛苦。作为女人，这时候一定要咬牙挺过去，迈过了这个坎儿，一切都会好起来的。

第 5 章

自信情商：
激励自己让女人活得更有勇气

对于女人来说，生活中的变数往往让她们感觉到无助，很多女人感到缺乏安全感，所以总习惯要求自己的男人如何如何。事实上，男人真的能为自己提供庇护吗？答案是"不一定"。因而女人必须要撕掉柔弱的标签，不断地激励自己、挑战自己，让自己活得更有勇气、更有魄力。当你真正如此尝试的时候，你会发现你并不软弱。那么作为女人，究竟如何让自己活得更有勇气呢？这一章，我们将为你详细地解答。

❋ 插上梦想之翼，用自信乘风启程

生活中，每个人都有自己的梦想，同样，对于女人来说，也有属于自己的梦。有了梦想，生活就有了希望和目标，你就会为了实现自己的梦想去拼搏，去努力。当然，在这个过程中，你还必须要有自信，尤其是对于女人来说，更要坚定不移地相信自己，相信自己的梦想一定能够实现。否则，你就只能在彷徨和迷茫中蹉跎岁月，虚度光阴。

明姐小的时候，父亲一病不起，母亲跟着别的男人走了。母亲临走的那天，她哭喊着"妈妈"追出了门，只见母亲坐上一辆很豪华的小轿车，慢慢消失在视线里。从那时候起，明姐暗暗的发誓，将来自己一定也要买这样一辆车，把妈妈接回来。

从那以后，明姐承受了很多生活的艰难和痛苦，一步一步从小学上到初中，从初中上到高中，后来她考上了大学。可是大学毕业之后，她并没有找到适合自己的工作，后来她听说销售能赚钱，于是毫不犹豫地找了一家汽车销售企业做起了销售。

可是，对于一个刚从学校里出来的女孩子，要想做好销售何其艰难。很多时候，她信心满怀地去和客户商谈，可是因为不懂销售技巧，遭到客户的白眼和讥讽。公司的领导不断给她施加压力，使明姐要撑不下去了。

可是，看着别的女孩子做起销售来如鱼得水，明姐不甘心就这么退却，想要买一辆豪华的汽车把母亲接回来的愿望越来越强烈。于是她咬着牙坚持，坚信自己一定能把销售做好，也一定能实现自己的梦想。每天上班之前，她都会对自己说："明姐，你是最棒的，你一定能成为佼佼者。"

经过不断地努力学习，明姐的业务能力慢慢强了起来。这天，有一家公司的老板来买车，明姐非常娴熟地跟对方进行了交谈，最终拿到了这个单子。当然，这并不是明姐的第一笔生意，这时候，她已经是公司里赫赫有名的销售员，每个月拿到的薪水也远比她想象得还要多。

终于，一年之后她如愿以偿地买了车，尽管没有把妈妈接回来，可是对于她来说，如果不是坚持着这个信念，或许她也没有那么大的勇气坚持下来。

故事里的明姐从小就有了自己的梦想，梦想支撑着她克服了生活中种种艰难，可是上了大学却没有让她的梦想得到实现。在这种情况之下，她毅然选择了最艰辛也最具有挑战的工作，做销售。期间她又遇到了非常大的困难，但是她毅然勇敢地去面对，最终克服了困难，实现了自己梦寐以求的愿望。可见，对于女人来说，要想让自己的梦想变为现实，那么就要自信一些，勇敢地去挑战自己，去面对困难。当你面临的困难都被你解决掉之后，你的梦想也就实现了。那么，对于女人来说，如何做到这一点呢？

1. 要对自己进行积极的暗示

在面对挑战的时候，人难免会觉得力不从心，感到害怕和担忧。事实上，或许你完全有能力让自己实现超越，这时候，心态对你的影响很大。如果你对自己进行积极的心理暗示，也许你就战胜了自己。反之，如果你自己觉得不行，那么也许你真的就败在了自己的面前。所以，对于女人来说，不妨时常对自己进行积极的心理暗示，让自己自信一些。

2. 不要轻易怀疑自己的能力

既然是梦想，那么就不是随便能实现得了的，需要付出艰辛的努力，不断地挑战自己。期间遇到各种各样的挫折和失败是在所难免的事情，就比如故事中的明姐一样，遇到找工作的问题，遇到工作中的困难，可是她并没有怀疑自己的能力，而是通过不断的学习和努力，最终如愿以偿。因此，对于女人来说，与其怀疑自己的能力，不如加把劲去努力学习。

3. 对你的梦想必须坚信不疑

如果你坚信自己的梦想一定会实现，那么你就会不断地去为实现这个梦想而努力，会非常有信心。相反，如果你怀疑自己的梦想是否真的能实现，那么你的信心会大大受挫。事实上，当你怀疑自己梦想的时候，你已经在不断地否定自己了。所以，对于女人来说，不要轻易怀疑自己的梦想，这样会让你轻而易举地被自己所打败。

4. 勇敢面对眼前的种种困难

任何人要实现自己的梦想，都要不断地去努力，克服眼前的种种困难。可是有些时候，困难看起来却非常大。比如故事中的明姐，大学毕业之后连工作都没有着落，怎么去实现自己买车的梦想？可是她并没有怀疑自己，而是勇敢地选择了面对，结果她的梦想实现了。所以，对于女人来说，要想去实现自己的梦想，就不要被眼前的困难所吓倒。

❊ 天生我才，时刻要保持对自己的信任

有些女人很自卑，她们觉得自己没有漂亮的脸蛋，没有好看的身材，没有高学历，没有好的家庭背景，所以在与人交往的时候总是表现得没有自信。事实上，你大可不必如此。没有好的家庭背景，但是你却很努力地去工作；没有高的学历，但是你的能力却很强；没有漂亮的相貌，但是你的心肠却很好。天生我材必有用，相信上天不会亏待任何一个人的。

珍玉和铁军相爱已经有三年的时间了，铁军从来都没有提到自己的父亲是省长。可是最近铁军的父母非要给铁军介绍对象，没有办法，铁军才

告诉父母，自己有女朋友了。很快，铁军的父母得知，珍玉只是一个普通的乡下女孩，于是明确地反对他们再继续交往。

这天，铁军带着珍玉来家里做客，见到铁军的父母之后，珍玉表现得非常大方，丝毫没有难为情，或者显露出自卑。这反而让铁军的父母感觉到不好意思，因为他们在见到珍玉的时候，并没有笑脸相迎。

珍玉笑着说："伯父伯母，今天能见到你们真是太高兴了。我常听铁军提起你们，非常渴望能见到二老，今天终于如愿以偿了。"

铁军的父母一听，心里自然乐开了花。这时候，珍玉对铁军的妈妈说："阿姨看起来这么年轻，今年多大岁数了啊？"

铁军的妈妈说："还年轻什么啊，都五十多岁的人了。"

珍玉惊讶地说："不会吧，阿姨保养得这么好，看起来像三十多岁。"

铁军的妈妈心里像吃了蜜一样甜。

再看铁军的爸爸，应该说他是大领导，气场该很强，可是这个时候却没有说话。因为他本想和老伴一起给珍玉脸色看，让她知道他们不欢迎她。可是，珍玉的热情大方让他再也拉不下脸来。

珍玉和铁妈妈说完话之后，转过身对铁军的爸爸说："伯父看起来神情矍铄，一定是干大事的人吧？"

铁爸爸笑着说："也没有，只不过给别人打打工罢了。"

珍玉接着说："对了，伯父，我来之前听铁军说您的腿不大好，专门去为您买了一副护膝，您看看合意不？"说完，把护膝取了出来，铁爸爸高兴地点了点头。

这时候，铁军买菜回来了，珍玉说："我来做吧。"

铁军一把拉住她说："你是客人，怎么能让你做呢？你陪我爸爸妈妈聊会儿，我去做。"

珍玉说："我和你一起去做吧。"

那天之后，铁军的父母不再反对铁军和珍玉交往了。没过多久，他们正式步入了婚姻的殿堂。

故事中的珍玉尽管没有好的家庭背景，但是她却没有因此而自卑，反而在和铁军的父母相处的时候，表现得非常自信和大方，最终赢得了铁军父母的欣赏和认可。可见，女人完全没有必要为自己的不足感到自卑和懊恼。对自己信任一些，要通过你的努力去弥补你的不足，如果连你自己都不待见自己，那么可能真的没有人待见你了。那么，作为女人，如何保持对自己的信任呢？

1. 多想想自己的优势

每个人都有自己的优势和弱势。如果你总是看到自己的优势之所在，你会认为自己是个很优秀的人；相反，如果你总是看着自己的弱项，那么你会越来越自卑，觉得自己很糟糕。所以，对于女人来说，要想让自己保持足够的自信，你不妨多想想自己的优势，比如说话的声音很好听，或者手很漂亮等，这样你就不会感到自卑了。

2. 要对自己多充满信心

不管怎么样，都要对自己保持足够的信心，相信你一定是最棒的那个，相信你非常非常的优秀。这样，你在和别人接触的时候，就会感觉到有很大的优越感，就如同故事里的珍玉一样，总是表现得很自信，很有优越感，最终赢得了铁军父母的好感。如果当时她感觉到很自卑，那么在和他们交谈的时候就会唯唯诺诺，这样更让别人看不起你。

3. 勿为不足而责怪自己

每个人都有自己的不足和缺点，比如，有的人说话声音不好听，有的人身材不是很好等，这些都是不足之处。对于女人来说，大可不必为这些缺点而责怪自己。越是抱怨自己，越是对自己没有信心，你就会越加地自卑，在别人面前便会觉得低人一等。事实上，如果你觉得低人一等，让别人感觉到你的自卑，或许别人也会真的以为你低人一等了。

4. 别拿弱项去和别人比

有的人喜欢社交，有的人喜欢运动，有的人却喜欢学习，每个人都有自己的强项。如果你非常讨厌打篮球，却和篮球高手过招，自然你就会显得笨拙和愚蠢，因为你在拿自己的弱项和别人的强项在比较，这会让你更加自卑，更加看不起自己。所以，对于女人来说，要想让自己自信一些，你就要清楚，不要用自己的弱项去和别人比。

❋ 毅力顽强，相信女人也能干成大事

谈及女人，很多时候总和脆弱联系在一起，似乎女人都是豆腐做的，经不起任何的挫折。事实并非如此，女人的耐性要比男人好很多，很多时候女人反而表现得更加顽强，历史上频频出现的女中豪杰便是例证。作为女人，你要坚强一些，勇敢一些，相信自己也能做出一番轰轰烈烈的大事情来。

胜男是个要强的女孩子，从小性格就非常坚强，即使受了再大的委屈也绝对不会流眼泪，为此，朋友们总说她像个男孩子。事实也是如此，她并不像别的女孩子那样喜欢打扮自己，相反，她的事业心非常强，不做出一番事业决不罢休。

大学毕业之后，她并没有四处去找工作，而是四处筹借，凑足了10万元钱，在一家大型商场里租了一个摊位卖起了女包。尽管她非常努力，可是由于她对这一行并不了解，再加上缺乏经营经验，半年下来，不但没有赚到钱，还欠下了许多债。

为此，父母以及亲朋好友都好言相劝，希望胜男能老老实实找一份工作去做，不要再瞎折腾了。可是胜男并没有被挫折和失败击倒，她毅然决

然去银行贷了5万元钱，在家乡的批发市场，做起了批发大蒜的生意。

那段日子，她每天早上天不亮就走了，晚上忙到大半夜。爸爸妈妈看在眼里，疼在心里，可是胜男信心十足，从来没有喊苦叫累。

市场变幻莫测，很快生意再次遭遇失败，5万元钱血本无归。这时，和她相恋了五年的男友由于受不了她，而提出了分手。屋漏偏遭连夜雨，胜男有点支撑不住了。那天晚上，她一个人偷偷跑到没有人的地方，痛痛快快大哭了一场。

20岁刚出头就欠了十多万元钱的债务，就连一般的男人都会支撑不住，可是胜男依旧没有屈服。这一次，她再也筹不到钱了。于是选择了一个不错的灯具销售公司，联系起了业务。由于她坚强不屈的性格，再加上一心想要做大事的信念，在短短的半年之内，为公司创造了100万元的利润，当然她也获得了20万元的提成。

很快，胜男从销售公司里跳了出来，利用自己手里的关系网络，再联系了很多灯具企业，同时，积极的奔走组织了自己的装修队。短短几年的时间，创造了一千万元的利润。这时候，装修队早已变成了装修公司，胜男成了名副其实的大老板。

故事中的胜男是个胸怀大志的女人，她一心想着做一番大事情，尽管中间经受了好几次的挫折和失败，但是她并没有因此而屈服，最终她如愿以偿的有了自己的公司，赚了大钱。可见，对于女人来说，不要那么脆弱，在生活的打击面前便抬不起头来。你要相信，女人也能做出大事情来，甚至要比男人做得好。那么，作为女人，如何培养坚强的毅力，去做成大事情呢？

1. 面对挫折，不要垂头丧气

很多人在遭受了挫折和失败之后，便一蹶不振，暗自伤神。只顾着自哀自怜，抱着自己的伤痛呻吟。再也没有想过东山再起。尤其是一些女人，当第一次的努力遭遇了失败之后，便不再挣扎，向生活和命运屈服，觉得女人就应该过平淡的生活。事实上，这样你所遭遇的挫折也就失去了意义。作为女人，与其垂头丧气，不如昂头挺胸，再接再厉，说不定下一次你就会成功。

2. 不轻言放弃

很多女人在遭遇了生活的失败之后，轻易向命运低头，觉得女人就不是干大事的料，结果就此放弃了自己的愿想。试想，如果当初你能再拼搏一次，或许人生会打开新的天地。因此，对于女人来说，遭遇生活的失败并没有什么大不了的，关键是你如何对待失败。你的选择往往决定着你的高度。

3. 相信自己会成为佼佼者

在遭遇了失败和挫折之后，很多人往往会怀疑自己的能力，女人尤其会觉得自己很脆弱。事实上不是你脆弱，是你给自己贴上了脆弱的标签。作为女人，你要坚信自己一定会成为佼佼者，当你有这样的想法的时候，便会努力地拼搏，让自己成为一个生活的强者。

❀ 激励自己，无论如何都能抵达幸福彼岸

幸福是每个女人都想追求的东西，可并不是每个女人都能得到。在这条通向幸福的路上有太多的艰难和阻碍，有的人走了个头，有的人走了一半，有的人走了十分之九。对于女人来说，要想真正的获得幸福，那么就要不断地激励自己，坚定信念，告诉自己，无论如何都能抵达幸福的彼岸。

凤凰最近结婚了，可是她并不爱她的丈夫，她心里始终爱着的男人已和她失之交臂。那个男人也深深地爱着她，当初所有人都不看好他们，可

是她却倔强地非要和他在一起，可是就在所有人祝福他们的时候，却分开了，幸福擦肩而过。

那个男生叫小罗，是凤凰做销售时的同事，当她第一眼看到小罗的时候，就被这个帅气阳光的男人给深深地吸引住了。于是，平日里凤凰总是有事没事的去找小罗，小罗也被凤凰的美丽大方给吸引住了，慢慢地，两人有了感情，关系发展非常快。

这年春节，凤凰刚到家里没几天，小罗就紧追了过去，两个人甜甜蜜蜜，谁也离不开谁。可是紧跟着问题就来了，原来小罗的家在偏僻遥远的青海山区，而凤凰却是从小到大在都市里生活的官二代。当凤凰的爸爸妈妈得知了这一情况之后，表示了强烈地反对。为此，凤凰还和爸爸发生了一次激烈的争吵，凤凰赌气地向爸爸说，她再也不回这个家了。

小罗也非常珍惜和凤凰的这段感情，但是一想起凤凰的爸爸妈妈当初把自己赶了出来，他的心就凉了半截，对凤凰也冷淡了很多。这让凤凰难以接受，她觉得小罗已经不爱她了，于是选择了分开。尽管小罗有百般不舍，可还是默默地接受了凤凰的决定。

时间一晃过去了半年，一次偶然的机会，凤凰和小罗又遇到了一起，他们得知彼此还爱着对方的时候，再度选择了牵手。此时，凤凰的爸爸妈妈得知女儿的心意已决，也就慢慢接受了这个现实。可是，这个时候的凤凰和小罗却再也找不到他们曾经的那份感觉了。他们不得不接受这个现实，彼此后退，回归到各自的生活中去了。

故事里的凤凰为了自己的幸福，努力争取着，可是最终却与幸福擦肩而过。不是他们不爱对方了，是因为爱已经错过了时间，结果让这份感情得不到任何的交付。所以，对于女人来说，一定要时常激励自己，把握住机会，相信自己无论如何都能到达幸福的彼岸。只要有了这份坚定不移的信念，那么在追寻幸福的路上才能战胜挫折和阻碍。那么，对于女人来说，究竟如何才能做到这一点呢？

1. 把爱情当做信仰一样坚持

我们经常听到很多女人在不断地追求爱情，可是一旦两个人的感情出现一些波折，就开始怀疑这份感情，继而做出放手或者退却的决定。如果幸福那么容易得到，还会有这么多人来追求吗？所以，对于女人来说，要把你的爱情当做信仰一样来坚持，坚持信仰，就得承受痛苦和压力。这一点，身为女人的你在追求幸福的时候一定要有心理准备。

2. 坚信你所付出的是值得的

如果在两个人的感情中，你总是在怀疑自己的付出是否值得，你的热情会因为你的担忧而大打折扣。同样，你的这份担忧也会让对方心有顾忌，这样一来，双方都不敢轻易付出，时间久了，感情也就慢慢淡了，此时你想再次努力已经没有用了。所以，对于女人来说，不要轻易怀疑自己，要坚信你的付出是值得的，这样在追求幸福的路上才能走得更远。

3. 不要随便怀疑你的另一半

在爱情的路上，往往彼此之间的不信任和猜忌是幸福的杀手。因此，人与人之间如果彼此之间没有了信任，那么心的距离也就慢慢会拉远。你越是在乎对方，越不放心，越会猜忌，对方越会离你远去。所以，作为一个聪明的女人，要想获得真正的幸福，就不要随便去怀疑你的另一半，用信任撑起幸福。

4. 只要有爱，困难定能克服

在追求幸福的路上，我们会遇到这样那样的困难，比如家人朋友的反对，第三者的插足，工作的问题、房子的问题等。作为女人，只要你心里爱着对方，就相信你们一定会克服这些困难，经受得住考验。如果你不爱对方了，那么所有的一切都没有了意义。因此，对于女人来说，要想获得幸福，那么就要不断地鼓励自己，在爱情的路上坚定不移地走下去。

❀ 确定清晰的目标，把握自己的生活

不管在生活还是工作中，如果你有了清晰的目标，就有了方向，再根据自己的实际情况，你就会清楚自己要付出多大的努力，这样你就能更好地把握好自己，再苦再累你也会有勇气坚持下去；相反，如果你总是迷茫，总是不知道自己该做什么，那么你永远无法实现自我的超越，也感受不到其中的苦与乐，慢慢你就会对自己失去信心。对于女人来说，迷失自我比失败更加可怕。

大学毕业之后，雨虹一心想着早点工作，早点赚钱，贴补家里的开支。可是工作了两年之后，她慢慢发现，她的学历有点低了，很多工作根本没有办法入手，于是决定报考研究生。

从那以后，雨虹总是在工作之余抽时间去复习。经过整整一年的准备，她参加了这年的研究生考试，可是由于之前她对研究生考试了解得不够透彻，再加上两年多了没有参加考试，有些生疏，这年她的成绩比录取线低了30分。当她得知了这个成绩后，并没有太大的失望和遗憾。

于是，她再次投入到复习之中，不但学习了新的课程知识，而且还把从高中到大学所要考到的知识点一个不落的复习了一遍。当然，这占去了她大部分的业余时间，她几乎很少和朋友们聚会，跟男朋友的约会也少了很多，她的目标只有一个，那就是一定要考上研究生。

事与愿违，在第二年的研究生考试中，她再次名落孙山，成绩只比录取线低了5分。想想这一年付出的努力，她有些灰心和失望了。但是，很快她就从这种阴影中走了出来，因为她看到了30分跟5分之间的差距，她的努力并没有白费。

第三年，她投入了更大的精力去学习。平日里她完成公司交代的工作任务之后，就抓紧时间学习，就连吃饭上厕所，她也在不停的挤时间。晚上她学习到了深夜，早上天不亮就起床了，整整一年，她全力以赴学习。

功夫不负有心人，她的付出终于有了回报。在第三年的研究生考试中，她终于如愿以偿，拿到了西北师范大学的录取通知书。那一刻，她露出了得意的微笑，真切感受到了那份成功的喜悦和兴奋。

故事中的雨虹在工作之后，感觉到了自己的学历低，工作中有困难，进而有了想要考研究生的想法，也正是因为她有了这个目标，所以在遭受了接二连三的失败后，并没有放弃，而是从中认识到了自己的现状，把握好了自己，从而鼓起了更大的勇气去努力付出，最终如愿以偿。可见，有了目标，就有了坚持下去的理由，面对挫折和失败的时候就不会随便放弃，就会有勇气去面对困难，挑战自己。那么，对于女人来说，究竟该如何确定自己清晰的目标，并坚持下去呢？

1. 你究竟想要什么

很多时候，女人在生活中并不知道自己想要什么，总是觉得别人有了，自己也一定得有。别人之所以有，是因为对方确实需要，可是你跟着别人去盲目地追求，得到了之后才发现自己并不需要，这时候，你会感觉很痛苦。所以，对于女人来说，不能没有目标稀里糊涂地活，但也不能盲目去追求，一定要想清楚自己要什么。

2. 目标能否通过努力实现

有些女人喜欢异想天开，我要星星，我要月亮，可是你想要的东西能否通过努力来实现？她们似乎很少去想。如果你想要的东西通过努力得不到，那么你也只能是空幻想，有目标跟没有目标一个样，因为根本没有办法得到，也是不可能得到的。所以，对于女人来说，在你想清楚自己目标的时候，一定要明确，这些目标是你通过努力能够得到的。

3. 看清需要如何付出

有了自己的目标之后，要看清楚，你如何通过努力去实现它，得到它。如果你不去思考这个问题，整天抱着一个空洞目标生活，那么你一样不会感觉到快乐，甚至还会因为怀疑自己的能力而感到痛苦。有了目标，需要不断地努力才能实现，世上没有真的阿拉丁神灯。当你真正去考虑如何实现目标的时候，你就会看清楚自己的实力，就会知道距离目标还有多远。

4. 对失败和挫折有清晰认识

一个人不可能随随便便的成功，即使你为了实现目标不懈努力，也未必一定会实现。这一点，作为女人，你一定要清楚认识，遭遇挫折和失败是再正常不过的事情。所以，遭遇了挫折之后，不要自怨自艾，这时候你要做的事情就是发现自己的不足，投入更大的精力去努力。

❀ 斩断自卑，自信才会开心

当我们在生活中遭遇了失败和挫折之后，常会感到自卑，觉得这也不如别人，那也不如别人。有些女人稍微遭受一些挫折就开始抱怨自己，否定自己，这无形之中给自己背负了沉重的心理包袱，每天生活在抑郁当中。

事实上，大可不必如此。人活一辈子怎么可能不遭受些挫折呢？关键在于，你能否从挫折中发现不足，认识缺点，现在发现了总比等到以后再发现要好得多，这么想的时候，你就会自信得多，因为你看到了希望。

铭榴研究生毕业之后，在一家外贸公司找到了一份负责进出口业务的工作。按理说，她是专门学习外语的，做起这份工作来，应该如鱼得水，可是她上班之后，整整过去了三个多月，业务上却没有任何的进展。再看看那些比她小好几岁的女孩子，做起业务来非常厉害，于是她感到特别自卑，觉得自己的能力很低，因此，在公司里也不敢大声地说话，总觉得低人一头，尤其面对那些学历比她低，而业务能力很强的同事，她更觉得抬不起头来。她每天总是阴沉着脸，感到非常痛苦，甚至一度有了辞职的想法。

事实上，她之所以在工作上表现差，是因为她缺乏销售经验。做外贸跟单可不仅仅需要良好的外语能力，还需要一些做销售的技巧和方法。那些年龄比她小，学历比她低的人之所以做得好，是因为她们有了几年的工作经验。这样一比较，铭榴的表现差也是正常的事情了。

当和她同岁的主管把这个情况给铭榴分析之后，铭榴渐渐地不再自卑了。她在工作中不断地加强了业务学习，利用业余时间看一些与销售有关的书，并且放下面子，主动去向周围的同事学习。一段时间之后，她掌握了一些基本的销售技巧和方法，业务慢慢地提升了上去，仅仅过了半年的时间，她一跃成为同事们当中的佼佼者。

此时她自信满满，感觉到了自己的价值所在。每天不管是在工作中还是在生活中，她总是满面春风，把自己的快乐和喜悦带给了身边的每一个人，也正是因为她的这份自信带来的愉悦心情，让她的工作更加出色。

故事中的铭榴由于刚参加工作，对业务不熟悉，所以出现了工作上没有进展的现象，这对她来说是个不小的打击，这与她的学历和年龄完全不相称，她因此而感觉到自卑，感觉到不快乐。后来，在明白了原因之后，她不再自卑，而是通过努力和学习，弥补了自己的不足，激发了自己的潜力，最终鹤立鸡群，用她的自信带来收获，证明了自己。

人都会对自己进行自我认定，失败的时候往往会被自己否定，会自卑，会不开心；如果你换个角度去认识，让自己自信一些，那么就会快乐很多，同时，你的快乐会给你带来意想不到的收获。那么，对于女人来说，如何斩断自卑，让自己开心一些呢？

1. 换个角度去看待失败和挫折

很多时候，我们在遭受了失败和挫折之后，往往沉浸在悲伤当中，觉得自己很差劲。这时候，如果你能换个角度去看待失败和挫折，或许你就会感到高兴，这是因为，你之所以失败，是因为你有很多的缺点和不足，发现了这些之后，那么意味着你之后的工作和生活中就不会再犯这样的错误。对于女人来说，你应该感谢失败和挫折，而不是抱怨。

2. 多想想你自己的优势在哪里

我们常常感觉到自卑，是因为我们在经历了挫折和失败之后，总是看到自己的缺点和不足。这样，你会越看自己越不行，越看自己越差劲。任何人都不可能全身是缺点，这时候，作为女人，你不妨看看自己的优点，用你的优势去弥补你的不足，自信和开心会慢慢回到你身边。

3. 分析失败和挫折的原因

既然失败了，那么肯定是有原因的。如果你不了解自己失败的原因，就对自己进行全部的否定，那么你不但否定了你的不足，而且否定了你的优势。比如故事中的铭榴，她之所以表现不优秀不是因为她的能力差，而是因为她欠缺销售的技巧和经验。当她明白了这个原因之后，不再自卑，通过努力发挥自己的优势，最终取得了不俗的成绩。

4. 不断的努力获得自我的肯定

当你遭受了失败和挫折之后，被自己否定了，那是因为你对自己的表现不满意。既然如此，你就要通过不断努力，让你对自己有信心，从而获得自己的肯定。事实上，也只有这样，你才能重塑自己的自信。所以，对于女人来说，与其沉浸在自卑中伤怀，不如努力改变自己，让你得到自己的肯定而开心快乐。

❋ 压力与打击，正是你成功的动力

在生活中，很多时候我们遭受了一定的打击和挫折之后，会慢慢变得成熟起来。同样，当我们背负一定的压力，承载一定的打击的时候，身体内蕴藏的潜力会被激发出来，在拼命的挣扎中迈向成功。因此，对于女人来说，要坚强一些，不要因为压力大而产生放弃的念头，也不要因为承受了打击而心灰意冷，它们会激发你的勇气，让你离成功更进一步。

高考结束后的一段日子，对于方方来说，是晦涩和阴暗的。因为成绩考得不好，与大学无缘。上不了大学，就意味着这么多年的辛苦努力要付诸东流了。她有些不甘心就此罢手，爸爸妈妈也很支持她，建议她复读一年。

于是，新学期开学之后，方方在复读班报了名。由于遭受过一次失败和挫折，她的心全在学习上，每天早早起床，晚上学习到很晚，即使节假日也从来不去玩，一头扎在题海中努力奋战。

爸爸妈妈经常在她面前提及邻居家的孩子多么有出息，亲戚家的孩子考上了什么大学。每当方方听到这些话的时候，总觉得自己实在是太不听话了，连爸爸妈妈也跟着丢脸，她的压力就会增加很多。因此，她在学习上更加刻苦和用功，她暗暗发誓，今年一定要考上个名牌大学，给爸爸妈妈争口气，也给自己挣个面子，要不然在同学们面前她还真的抬不起头来。她的很多同学上了大学，总时不时地打电话过来跟她聊大学的生活，每当接到这样的电话她总是找个借口匆匆的挂掉。

或许是因为压力大的缘故，方方在学习上一丝不苟，不但严格地按照自己制订的学习计划来执行，而且在上学和放学的路上也挤出时间学习，她整个人像个满负荷运作的机器一样，没有一点儿松懈。

功夫不负有心人，她的努力终于有了回报。在第一次模拟考试中，她取得了600多分的好成绩，这比她上一次高考整整多出了两百多分。当爸爸妈妈知道这个好消息后，高兴坏了，爸爸带方方到公园里玩了一天，妈妈亲自下厨，做了方方最爱吃的水煮鱼。方方知道，爸爸妈妈在她身上倾注了太多的感情和希望了，每每想到这些的时候，她就觉得自己有责任要考个好大学，对他们有个交代。

终于，高考的日子到了，方方从容淡定地走进了考场。没过多长时间，高考的成绩出来了，方方竟考了个文科状元，被北京大学录取了。爸爸妈妈激动地抱着方方，又是亲，又是笑。看着他们，方方心里说不清是什么滋味。

故事里的方方，由于遭受了高考失败的打击，所以在补习的时候分外用功。期间爸爸妈妈的期望，同学们的问候和关心以及对名牌大学的渴望，这些都给她增加了无形的压力，也正是因为这些压力，让她动力十足，最终如愿以偿。

可见，在我们遭遇生活的打击和压力之后，千万不要因此逃避，而是要把压力转化为动力，积极努力地向着你的目标奋进。那么，对于女人来说，如何才能把打击和压力转化成前进的动力呢？

1. 要正确认识压力和打击

很多人在遭受了打击之后，便对自己失去了信心，在承受着压力的时候感觉到很痛苦，要逃避。事实上，当你正确地认识了打击和压力之后，你就会觉得它们是你努力和拼搏的理由，它们会时时刻刻地提醒着你，要求你去前进。如果你有丝毫松懈，那么你就会受到良心的谴责。事实上，在压力和打击的督促之下，你会不断地前进。

2. 用努力拼搏的行动弱化压力

在承受着巨大压力的时候，你会感到有责任去努力，如果这时候不努力，你会产生自我否定的暗示，继而恐慌和紧张。所以，对于女人来说，当你承受着压力的时候，要通过不断地努力和拼搏来获得对自己的认可。当你获得了自己的认可之后，你就会有信心，也就有了动力去进一步地努力。这样，你的压力会慢慢地减小，动力会慢慢地增大。

3. 学会正确地发泄压抑情绪

如果一个人承受的压力太大，而又得不到合理地宣泄，往往会把一个人逼疯。因为他们太注重结果，却忽略了自己的努力，他们会对自己精益求精，不允许出现任何的错误，一旦出现小错误，就会责怪和折磨自己，这些都是压力过大的表现。所以，对于女人来说，要学会正确的宣泄过大的压力，把内心的压抑发泄出去，从而以更好的心态去面对生活和工作。

4. 不让压力成为负担

我们知道，适当的一些压力能促进我们积极的进步，但是过大的压力则会让我们内心背上沉重的心理包袱。当我们的心思全放在担忧压力上，而没有积极努力进取的时候，压力就阻碍了我们的进步。所以，作为女人，不要给自己背负过重的压力，这样对你的拼搏和努力没有多大的效果，反而还会阻碍你进步。

第 6 章

情绪情商：
好心情让你尽情享受惬意生活

愉悦的心情不仅能使我们精神焕发，看起来更年轻，还能激起我们对生活的热情，从而更加懂得珍惜生命，学会感恩。同时，好心情还是人际关系的润滑剂，可以帮助我们建立优良的人际关系网，使我们在工作和生活中进退自如、事半功倍。更难得的是，好心情对我们的身体有着非常重要的保健和调节作用。总之，有了好心情我们就可以尽情享受生活。那么，如何才能拥有好心情呢？这一章的内容将带你走出困惑，找到答案。

❄ 聪明女人对咆哮充耳不闻

在我们的身边总有一类女人，几乎从未见她们跟别人吵过架。这固然是因为她们脾气好，但更多的是她们心里明白，争吵解决不了任何问题。人在极其愤怒的情况下通常都带有一定的攻击性，如果不明就里地计较，跟对方唇枪舌剑，不但有损自己的形象，还会加倍地激怒对方，不利于事情的解决，从而给双方造成更大的伤害。

下午，就在明华准备下班的时候，店里进来了一位顾客，明华赶忙打起精神热情地迎上去。只见那位顾客手里拎着一个袋子，袋子里好像还装着衣服，还没等明华开口说话，就听那位顾客语气生硬地说："给我换一下这件衣服，号小了。"

明华笑着说："是吗？那麻烦您出示一下购物小票。"

"给。"那位顾客从袋子里取出购物小票，递过来。

明华双手接过一看，说："您是不是记错了，这不是我们店里的购物小票。"

那位顾客一听火了："什么？我明明就是在你们店里买的，你说不是你们的，是什么意思？买的那天说好了如果不合适3日内可以调换，我现在又没超时间，你不给我换就算了，居然说什么衣服不是你们店里买的，你的意思是我没事找事，故意找茬是吧？"

明华连忙解释，说："不是，不是，我不是那个意思，这个票真不是我们店里的，您看我们店里一直是手开票。"

那位顾客越发激动了，大声地说："我不管你们是什么票，反正我就是在你们这买的，今天不换也得换，你看着办吧！"

明华一听坏了，这可怎么办呢，衣服不是自己店里的，但那位顾客执意认为衣服就是在店里买的，虽说店里的衣服跟这位顾客拿的衣服款式差不多，但是牌子不一样，即使换了，等顾客发现了还是会来找麻烦的。

就在明华不知道该如何是好左右为难的时候，她一低头无意中发现那位顾客提的袋子上竟然写着"名乐体育"四个字，对了，隔壁就是名乐体育，而且名乐也卖运动服，难道是……想到这儿，明华又急忙仔细看了一下购物小票，果然最下面也写着名乐体育。

看来真是顾客走错门了，自己也太粗心了，怎么一开始没发现这个问题呢？

想到这儿，明华赶紧走过去耐心地跟顾客解释，那位顾客认真一看发现自己确实走错门了，连忙说了声对不起低着头不好意思地提着袋子走了。后来那位顾客经常来店里买衣服，渐渐成了明华店里的老顾客。

故事中的明华，在面对顾客走错门刁难自己的时候，没有光顾着生气，而是积极寻求解决问题的办法，最后帮了顾客的忙，给自己解了围。的确，在生活中，如果我们不去过多地理会别人过激的言语，而是看清楚事情的本质，积极应对，再大的风浪也会过去的。那么，面对别人的咆哮时，我们该怎样做个聪明女人对其充耳不闻呢？

1. 要保持清醒的头脑

别人冲我们发火的时候，我们不能点火就着，也跟着发火，一定要先弄清楚问题出在什么地方，是自己确实做得不对伤害了别人，还是别人弄错了误会了自己，看看是否确实有人在无理取闹。总之，作为女人而言，不论什么时候，一定要保持清醒的头脑，千万不能逞强要个性，更不能盲目地跟对方对着干，以免引来不必要的麻烦，而不利于问题的解决。

2. 遇事要积极地应对

别人责难自己的时候，不管我们自己有没有错，都要立足于解决问题，化解矛盾，而不是一味地退缩逃避，消极应对。不发火不代表我们就胆小怕事，而是发火非但解决不了任何问题，还会让情况变得更加糟糕。所以，对于女性来说，只有我们尽快地找到问题的症结，想尽办法解决它，才有可能使这场风波得到平息，避免更大的冲突。

3. 说话注意温言细语

有人说，用缓慢的语调低声说话，可以让一个发怒的人慢慢安静下来。当别人大吵大叫的时候，千万不要试图盖过他的声音，否则他会叫得比你更大声。作为女人，一定要记住，不管别人怎么说，都坚持用温言细语和他说话，态度诚恳，不卑不亢，发现错误要承认错误，自己错了就是错了，而不要企图遮遮掩掩，免得引起对方的反感。

4. 对别人要宽容忍让

退一万步说，即使这件事情全是对方的错，我们一点错也没有，完全可以反过来指责他，又能怎么样呢？就算最后事实证明是别人的错，我们还是输了，因为无形当中我们又给自己树立了一个敌人。相反，用一颗宽容的心去包容对方，不跟对方过于计较，同时适当地做出一些非原则性的让步，说不定会有意想不到的效果。这一点，对于女人来说一定要明白。

❄ 给愤怒一个宣泄的出口

在生活中，生气是不可避免的，有时候即使我们一再宽容忍让，但总有那么一些人和事让我们实在忍无可忍，气愤难平，轻则让我们心里不快，重则把我们气出病来。因此，作为女人，在不发火的基础上，还要懂得如何科学合理地疏导愤怒的情绪，不让它影响我们的心情，进而威胁我们的身体健康，使我们成为它的牺牲品。

这几天，小米的心情很不好，本来客户说好要来定房子，但每次都在约定的时间见不到人，手机关机，害得她被房主骂，还让主管叫去训话，说她工作做得不到位。

这天早上，说好房主和客户9点到公司订房子，可都快10点了，还不见人。打电话催，都说再过几分钟就到了，小米只好等着。本想9点钟这边订完之后，带另一位客户去看房子，现在看来时间来不及了。想到一早上的工夫又要白费了，小米气就不打一处来。

等到10点，房主和客户还没来，小米忙打电话过去问，得到的回答仍是几分钟就到。小米一听气坏了，在电话里把客户和房主狠狠地各骂了一顿，跟店长招呼也没打，就收拾东西回家去了，路上还和一个出租车司机吵了一架。

回到家里，躺在床上，脑子里像放电影一样重复着刚才的一幕，小米越想越气，觉得头都快炸了。就在她头痛难忍的时候，手机响了，是店长打来的，肯定又是问自己为什么不打招呼擅自离岗。

店长："小米，还生气呢，我都知道了。"

小米不解地问："知道什么？"

店长哈哈一笑："你被客户和房主忽悠了吧。没事，你就当做从没接过这个客户。"

小米气呼呼地说："我都跟进了这么长时间了，现在成这样，岂不是白忙了一场！"

只听电话那端，店长模仿着蜡笔小新的语调说："你生气又能怎么样呢，客户没有了可以再找，要是把你气出病来了可怎么办啊？你可是公司的宝啊！"

听着店长滑稽的声音，小米忍不住扑哧一下笑出声来。

听到小米笑了，店长说："你呀你，遇事就不能想开点吗，非得把自己气个半死，你说生气有什么好处？以后有什么想不开的事跟我说，可千万别再不打招呼就跑了，这次就算你请假，下次我可要公事公办了！"

小米不好意思地说："谢谢店长，我记住了，以后再遇到这种事我就找你。"

挂了电话，小米感觉浑身一下子轻松多了，头也好像不疼了，没想到店长的开导这么有用，以后遇到这种事自己再也不一个人生闷气了，一定找人好好聊聊。

故事中的小米，因为客户和房主一再失约，又加上主管不分青红皂白地训斥，使她一时难以控制自己的情绪，不但骂了客户和房主，还不打招呼擅自从公司离开，幸亏店长及时开导，才没有造成严重的后果。可见，科学合理地宣泄愤怒的情绪是多么重要，那么，对于女人来说，我们该怎样给愤怒找一个出口，既能使我们不至于气到自己，而又不伤害别人呢？

1. 找个你信任的人倾诉

所谓"当局者迷，旁观者清"，如果我们实在说服不了自己，还是非常生气，这个时候，对于女性朋友，不妨找个平时比较信任的人把事情的来龙去脉说给她听，在说的过程当中，其实我们会感觉已经没有那么生气了，而且还会发现自己也有做错的地方，只是当时光顾着生气，而忽略了这一点。这个时候，如果再加上别人客观地分析、开导，我们的气自然就消了。

2. 把生气的原因写下来

把生气的原因用笔写在纸上，当我们这样做的时候，我们会发现生气的理由居然是那么的微不足道，有些简直就不成其为理由，根本是自己在自寻烦恼庸人自扰。这一过程，实际上是帮助我们整理思绪，只有找出问题的原因，才能从根本上发现问题，解决问题。如果我们连为什么生气都不知道，又何谈避免生气？作为女人，认识到这一点很重要。

3. 暂时转移注意力

忘掉这件事，尽量不去想，然后找一件自己一直以来比较想做但又因为种种原因没有付诸实践的事情去做。对女人而言，当我们全神贯注地为之付出投入，忙得不可开交的时候，已经没有时间和精力去生气了。不仅如此，我们可能还会觉得生气是在浪费时间，因为不知道什么时候我们早已经从愤怒的泥淖中走出来了。

4. 发泄方式要正确合理

只要不伤害别人，又不影响别人，我们大可把怒火发泄出来。比如有些人在生气的时候喜欢砸东西，听着东西破碎的声音，她们会觉得很过瘾，那么就在家里准备一些价值不高的东西备用。当然这个方法不宜普及，因为我们砸东西的时候有可能会不小心伤到自己，如果是这样，那可就太得不偿失了。所以，女性朋友一定要记住，要用合理的方式发泄。

❈ 别让嫉妒毁了美丽

有些女人长得很漂亮，但就是爱嫉妒别人，不是耿耿于怀于别人优裕的家境，就是看不惯别人比自己优秀，工作比自己好，工资比自己高，总之，就是见不得别人比自己好。一开始，别人不知道，也许还会跟她交往，但随着一次次地接触，发现她爱嫉妒别人，就会慢慢疏远她，孤立她。爱嫉妒的女人是可怕的，就算有天使的面孔，别人也会对她敬而远之。

桑桑是行里出了名的美女，但奇怪的是，大家都不愿意和她来往，而且提到她的时候都不叫名字，叫"美女蛇"。这是怎么一回事呢？

原来，桑桑刚来行里的时候，因为她长得像瓷娃娃，嘴巴又甜，大家都很喜欢她，工作上帮助她，生活上照顾她，对她非常好，尤其是柜台上的刘姐，简直把她当亲生女儿一样看待。考虑到桑桑家是外地的，虽然行里也有食堂，伙食还挺不错的，但刘姐总是怕桑桑吃不惯，隔三差五地叫桑桑去她们家里吃饭。

有一天，刘姐照旧叫桑桑下班后去她家吃饭，一边的小李趁桑桑不在的时候，悄悄地对刘姐说，你还叫她吃饭呀，她把你家都说成是什么样了，说你家客厅里摆的那个花瓶根本就不是什么古董是个便宜货，而且便宜就便宜吧还是别人给的，还说你和你婆婆关系其实并不好，你经常在她面前说自己婆婆的坏话……小李还说了什么，刘姐不记得了，她不敢相信自己的耳朵，自己一直对桑桑那么好，她为什么要造谣中伤自己，毁坏自己的名誉？

又过了几天，行里评选业务能手，小李以绝对的优势当选。谁知第二天就有人在背后指指点点地说，小李的业务能手是靠送礼吃饭拉的票，小李听见差点没气死，一再追问是谁说的，最后问来问去竟然又是桑桑。

这下引起公愤了，同事们都想不通，大家平时对桑桑那么好，她怎么能这么做呢？

一天，桑桑的一个同学来行里找桑桑办点事，悄悄透露说桑桑家的经济条件其实并不好，一家人常年挤在两间50几平方米的房子里，而且她妈和她奶奶关系一直不好经常吵架。还说桑桑从小就见不得别人比她强，也正因为这样，这么多年她连一个朋友也没有。

听桑桑的同学这么一说，大家又都觉得桑桑很可怜，她虽然长得好看，但却被嫉妒蒙蔽了心灵，在伤害别人的同时也伤害了自己。

故事里的桑桑，仗着自己长得漂亮，想当然地认为自己应该什么都比别人强。发现同事比她优秀的地方，不仅不学习，还制造谣言中伤他人，破坏他人的名誉，从而使自己被同事孤立。美丽不是错，错的是我们不应该以此为资本，觉得全天下的人都应该让着自己。身为女人，如何才能让嫉妒转化为进步的动力，而不让它毁了我们的形象，让我们越来越美呢？

1. 正确评价自己

每一个人的身上或多或少都有一些闪光点，很多时候，我们对于别人的优点和缺点看得很清楚，但对于自己的优势和劣势却不甚明了。这导致我们常常看不清楚自己，不知道该如何正确评价自己，再加上周围的人和环境的影响，往往还可能以别人的标准来衡量自己，从而高估和低估了自己某一方面的能力。这一点，女性朋友一定要注意。

2. 相信自信最美

任何时候，自信的女人是最美的。因为有自知之明，她们往往善于扬长避短，也因为积极的自我评价，使得她们始终保持乐观的心态，待人接物有礼有节，工作中认真负责，同事之间公平竞争，热爱生活，懂得爱护自己，享受生活中一切美好的事物。所以身为女人，即使长得不好看也不要紧，只要你自信，一样也能给别人留下知书达理，善解人意的好印象。

3. 化嫉妒为动力

女人都是善妒的，关键是尺度的问题。如果因为嫉妒别人，而采用一些不正当的手段打击贬低别人，借以抬高自己，那可就真正为周围的人所不容了。嫉妒是好事，说明你发现了自己的不足，对女人而言，有时候与其枉费心机和别人明争暗斗，不如静下心来，努力学习提高自己，把让我们嫉妒的那个人当成奋斗的目标，努力赶上她甚至超过她。

4. 不盲目地比较

我们之所以会嫉妒别人，很多时候是因为我们以他人之长比自己之短，本来人家家庭情况就比较好，父母还是公务员，但你硬要拿自己没上过几年学的父母跟人家比，结果只能是越比越伤心，越比越自卑。如果这时候再钻了牛角尖，那么这种盲目地攀比就会转为对对方的嫉妒。女性朋友一定要时刻提醒自己，不能犯这样的低级错误。

❋ 好心情是做成事的根基

我们可能都有这样的情况，心情好的时候感觉做什么事都特别有信心、有耐心，而且想法层出不穷，遇到困难和挫折越挫越勇，反应快，沟通能力强，工作效率明显提高。而心情不好的时候，什么事都不想做，稍微遇到点困难就退缩了，反应迟钝，不想跟人说话。可见，想要成功，心情非常重要，从某种程度上它决定着我们能否做成事以及成就的大小。

媛媛是一家公司的业务员。由于偏胖，公司里所有的人都亲切地叫她胖胖，就连客户也一天到晚胖胖长，胖胖短的叫。一开始别人叫的时候，她还能不厌其烦地一遍遍纠正，时间长了，连她自己也觉得烦，随他们叫去吧，反正自己本来就比较胖，这样叫也算是"名副其实"，何况人家也没有恶意。

不过，别看媛媛胖胖的，你可别小看她，她可是公司的业务精英，而且在公司里人缘出奇的好。照她的话说是"心宽体胖没烦恼"，的确，同事们还真没看见过她恼怒的样子。

这几天不知道怎么了，媛媛就像被霜打了的茄子，整个人都蔫了，问她怎么了，她也不说。下午有一个客户要过来签单，经理在中午下班之前，特意再三叮嘱媛媛下午该注意些什么问题，这要放在以前，他根本管都不管，主要是今天看媛媛状态有点不对。

下午客户来签合同了，打开一看，却发现媛媛给的是别人的合同文本，于是开玩笑地说："胖胖，合同搞错了，这不是我们之前商量的那份儿。"

媛媛一听客户叫她胖胖，就心生不悦，心想这怎么可能，自己怎么会搞错呢，拿过合同细细一看，还真的错了。这时，她又突然想起，上次拟定的那份合同她还没改呢，怎么办？真是气死人了。

都是爸妈离婚闹的，害得自己这两天心神不宁无心工作。从今天起，他们爱离就离去吧，自己再也不管了，也不想了，再想下去就该回家了。

这样想的时候，媛媛好像一下子有了主意，只见她笑着对客户说："张总啊，不好意思，因为我们上次拟定的合同打印出来，我发现有些地方还要做一些小小的修改，正好今天您来了，那我拿来，您再好好看看，如果没有异议，我再打出来您看可以吗？"

张总说："可以啊，那赶快拿来我再好好看看，还是你们年轻人细心啊！"

媛媛把那份没改完的合同打印出来，在她的提醒下张总又仔细看了一遍稍稍做了修改，改完之后就签了。看着张总离去的背影，媛媛长长地舒了一口气，好险，差点就跑单了，看来工作的时候还是不能胡思乱想，免得扰乱心情，做错事情。

故事中的媛媛，本来心态非常好，业绩也不错，但却因为对父母离婚的事情不能释怀，一天到晚心事重重，在和客户签单的时候差点出错，后来她认识到了问题的原因及时调整了心情，顺利签下了合同。的确，有时候可能就因为我们在心情不佳时一个眼神，一句话，就有可能决定事情的走向。那么，对于女人来说，如何才能保持愉悦的心情呢？

1. 保持乐观的心态

看问题的角度不同，心情也会不同。乐观的人即使遇到不利的局面，也会朝积极的方向去想，因为她们觉得事情还没有那么糟糕，只要自己想办法尽力去做，便会转不利因素为有利因素，事情一样可以做好，一样可以成功。就算最后经过自己的努力，事情没有做成，但自己已经尽力了，也没什么可懊恼的。所以，对于女人而言，乐观的心态非常重要。

2. 遇事不过分计较

谁都有做错事的时候，认识到错了，我们就改正，而不要一味地追究推卸责任，那样做非但解决不了问题，还会影响我们的心情。不苛求自己，也不苛求别人，只要我们问心无愧，就算没有达到预期的效果也没关系，只要下一次做好就可以了。女性朋友一定要注意，如果我们太过于计较，反而使我们容易自责，还可能会责怪别人，弄得好心没好报，吃力不讨好。

3. 及时倒掉坏心情

心情不好的时候，及时调整，不要把坏心情都存放起来，堆积在一起。堆积坏心情不仅会影响我们的生活，长此以往，还可能会危及到我们的健康。作为女人，记得一定要把坏心情像倒垃圾一样及时处理掉，不让它们占到我们心灵的内存。总之，心情不好的时候，一定要想办法调整，不能坐视坏情绪蔓延，超出我们的控制范围。

4. 和开心的人相处

近赤者赤近墨者黑，和开心的人在一起，我们会不知不觉地受到传染，也变得开心起来。通常情况下，笑口常开的人心态都很好，性格也很开朗，看问题比较客观，和她们做朋友，我们既能从她们身上学到积极向上的精神，又能感受到朋友之间那种无话不谈，互相帮助、共同进步的美好情感，可谓受益颇多。所以，女人要多跟开心的人交朋友。

❈ 情绪坏不等于可以乱发脾气

坏情绪谁都有，尤其是女人，在特殊的那几天，由于生理原因很多人会莫明其妙感到烦躁，觉得看什么都不顺眼，干什么都不顺心。这个时候，我们说话做事要比平时加倍小心，不能因为我们心情不好，让身边的人也跟着遭殃。要是实在感觉心里不痛快堵得慌的时候，一定要以合理的方式疏导发泄，不能不分场合地乱发脾气。

这几天，由于身体不舒服，敏贞动不动就对老公建国和儿子乐乐发火。

那天下午，建国下班回来，没换拖鞋就直接去厨房给敏贞帮忙，刚进去的时候，敏贞还有说有笑的，谁知当她看见建国脚上居然还穿着皮鞋时，脸色一下子就变了，一把将建国手里的菜抢过去，大声地说："跟你说过多少遍了，换了鞋再进屋，你怎么老是记不住啊，猪脑子啊，我每天累死累活地拖地容易吗？"

建国也火了："你那么大声干什么，我换了拖鞋给你把地拖了不就完了，嚷嚷什么，你才猪脑子呢！"

敏贞一听更加生气了，干脆饭也不做了，跑到卧室倒头就睡下了。

建国一看这架势，无奈地摇了摇头，看来今晚这顿饭又得自己动手了，要不一家人都得饿肚子，于是打起精神去厨房下了些面条。

一直在房里写作业的乐乐听见爸妈的吵闹声，急忙跑出来问："爸爸，妈妈这是怎么了？"

建国苦笑着说："当然是爸爸做错事情惹妈妈生气了。"

乐乐好奇地问："你又做错什么了？惹得妈妈发那么大火，我戴着耳机都听见了。"

建国说："也没什么，对了，快去喊你妈妈出来吃饭。"

乐乐"噔噔噔"地跑到父母的卧室里，敏贞一看是乐乐进来了，又板着脸教训起乐乐来了："你的作业写完了吗？一天到晚瞎跑什么，如果一会儿检查作业有错的地方看我怎么收拾你！"

好在乐乐知道妈妈为什么生气，嬉皮笑脸地学着电视里的小太监说："太后老佛爷，奴才请您用膳了！"正在这时，老公建国也走进来叫敏贞去吃饭。想起刚才发生的事情，敏贞一时间竟觉得怪不好意思的。

在饭桌上，她鼓起勇气诚恳地给老公建国和儿子乐乐道了歉，说她最近不应该对他们乱发脾气。看着敏贞不好意思的样子，建国和乐乐都乐了，家里又重新恢复了以前的平静和快乐。

故事里的敏贞因身体不舒服，导致情绪失控，向老公和儿子发了火，由于知道敏贞为什么生气，她老公建国和儿子乐乐并没有计较，仍然一如既往地关心着她，最后敏贞主动认识到了自己的错误，向父子俩道了歉，一家人重归于好。当我们心情不好的时候，一定要合理地发泄，不能乱发脾气，那么，作为女人，如何才能避免坏情绪从而不乱发脾气呢？

1. 坏情绪的情况下，少跟别人接触

为了避免自己的坏情绪危及别人，我们可以暂时减少跟别人的接触，或者在特别生气的时候，尽量少跟别人讲话，免得自己控制不住，一不小心说出不该说的话，做出不该做的事，让别人对我们产生误解。给自己哪怕几秒钟的时间，把思绪整理一下，等到心情完全平静下来的时候，再跟别人解释清楚原因。对于女人而言，这一点一定要注意。

2. 对人不对事，对事不对人

对于女人来说，别人做错了事情，批评的时候，一定要做到对人不对事，对事不对人，不要眉毛胡子一把抓，不分青红皂白就把人家训一顿。这样做不仅显得你不够理智，还会让人觉得你处理事情没有条理，无形当中降低了你在别人心目中的地位。而且，分清楚是别人的原因，还是外界环境的影响，使我们能更清楚地看到问题的本质，从而避免乱发脾气。

3. 学会克制，不被情绪左右

乱发脾气之前，先做几个深呼吸，想想自己这样做，后果会是什么，会对自己和别人造成什么样的影响，别人会怎么看我们。这样想过之后，我们可能就比较容易克制自己的情绪了，因为谁都不想故意和别人为敌，让自己陷入不利的境地，阻碍自己走向成功的道路。对女人而言，我们一定要驾驭自己的情绪，不能老是让情绪牵着我们的鼻子走。

4. 遇到事情多往好的方面想

遇到事情换位思考，站在对方的立场上看问题，我们会发现事情也许并不是我们想的那样，别人可能并没有恶意，多往好的方面想，多想想别人的难处，也许我们就能理解别人为什么会那么做，也就能明白事情为什么会是这样。所以，女性朋友一定要记得，遇事多往好的方面想，问清楚事情的缘由了，再决定发脾气也不迟。

❋ 变换心情，为生活添亮彩

生活中，正因为我们的心情时好时坏，才会感觉生命中的每一天都不一样，就像七彩灯一样不断地变换着色彩，时而变红，时而变蓝。伤心的时候，我们的世界就像是灰色的，依稀还滴着雨；高兴的时候，又变成了金色的，到处都洒满阳光，像是把心中的每一个角落都照亮了。的确，亮丽的心情，常常能使我们更加热爱生活，珍惜生命。

悦然刚刚知道自己病情的时候，感觉整个天都快塌下来了。乳腺癌晚期，她不敢相信这是真的，老天爷为什么对自己这么不公平，自己才刚刚40岁，儿子那么小，身边还需要人照顾，为什么要这么残忍地剥夺自己的生命？

病房里的人都说，这种病的治愈率非常低，最多也就坚持个两三年，悦然听了彻底绝望了。从那天起，她感觉眼前一片黑，生命对她来说已经没有了任何色彩。她开始不吃不喝，拒绝一切治疗，并催着丈夫吴勇尽快办理出院手续。吴勇百般劝说，奈何悦然主意已定，为了不让悦然伤心，吴勇只好含着眼泪同意去办出院手续。

就在吴勇去办出院手续的时候，悦然的主治医师告诉吴勇，说医院里早上刚来了一位从香港来的乳腺癌方面的权威专家，准备这几天在他们医院里坐诊，吴勇可以带悦然过去再让专家看看，看有没有治愈的希望。吴勇一听高兴坏了，手续也不办了，赶紧跑去跟悦然说，谁知悦然根本不为所动，任凭吴勇好说歹说，她就是不去。

没办法，吴勇只好把那位香港来的专家请到了病房，经过专家仔细地询问和检查，说悦然只是患了严重的乳腺炎，不要紧，经过一段时间的治疗完全可以康复。悦然简直不敢相信自己的耳朵，自己还能活着，还能重新恢复健康？她一遍遍地向那位专家求证，当确信那位专家说的是真的是，忍不住大哭起来。

从那天起，悦然开始积极地配合治疗。可能是因为心情好了的关系，同样还是那些人和场景，但在悦然看来却是那么不同，天地都好像是新的，所有的人仿佛都在向自己微笑，生活中处处充满了色彩。而且，更加让她高兴的是，自从她心情好了以后，治疗效果非常显著，没多久医生就告诉她，病已经完全好了可以出院了。

故事里的悦然因医生的误诊对生活失去了信心，世界对她来说是黑色的，后来经过香港专家的确诊，重新点燃了她对生命的希望，在她的积极配合治疗下，病很快痊愈了。生活中，由于受各种因素的影响，我们的心情并不总是那么的绚丽多彩。那么，对于女人来说，我们该如何变换心情，让生活中时时充满阳光，让我们的生活更加亮丽多姿呢？

1. 暂时离开，忘掉让你烦恼的人和事

每每有这样的情况，当我们听到或看到某些人的时候，就觉得心里特别不舒服，这种情况下，千万不要强迫自己马上去接受别人，因为这样做不但你自己会觉得很别扭，别人也会感觉到不自在。如果实在没有办法避免，不妨给自己放个小假，哪怕几分钟也可以，等你想清楚，调整好状态之后，再来解决问题也不迟。这一点很重要，女性朋友一定要注意。

2. 热爱生活，珍惜生命中的一切美好

生活是美好的，关键是我们有没有懂得欣赏的心和发现美好的眼睛。

对一个热爱生活，乐观向上的女人而言，生活在她眼里一定是色彩斑斓的，因为她懂得享受生活，所以不管生活赐予她的是好还是坏，她都欣然接受。生活本来就不是一帆风顺的，正因为有了失败，成功才显得那么可贵，也正是因为有了痛苦和烦恼，幸福才显得来之不易。

3. 掌握主权，自己的心情由自己做主

有时候，本来我们刚才心情还好好的，可能就因为别人有意无意地一句话或者一个眼神，心情一下子变得糟糕透顶，情绪变得无法控制。等事情过去了，又一个劲地懊悔，不过一句话一个眼神而已，真想不明白自己当时为什么反应就那么强烈。因此，女人不能把心情的主动权放在别人的手里，让他人左右我们的心情，而要把好心情牢牢握在自己手中。

4. 助人为乐，帮助别人就是愉悦自己

在力所能及的情况下，发自内心地帮助别人。也许是给问路的人指个路，也许仅仅是在公交车上给老人让个座，听着别人对自己感动地说声谢谢，其实我们的心里就很满足了。这种陌生人之间也可以亲切交谈的情景，常常让我们感慨生活的美好，进而改变我们的心情。的确，对女性朋友来讲，不计回报地帮助别人，也可以让我们的心情好起来。

❀ 健康的情绪造福女人一生

健康的身体对每个人来说都很重要，健康的情绪也一样。女人一定要关注自己的情绪，就像关心我们的身体一样，细心呵护它，不让它受到外界的侵扰。的确，愉悦的心情不仅能让我们看起来更年轻，而且对我们的身体还有着调节和保健的作用，它能提高我们的免疫力。最重要的是，健

康的情绪能改善我们的人际关系，使我们不论在工作还是生活中都如鱼得水。

王阿婆今年都90多岁了身体还是那么硬朗，走路不用人扶，而且气色非常好，红光满面的。她的女儿说，从她记事起，她就没见过母亲生气发火的样子。可能就因为王阿婆凡事都想得开，很少有烦恼，从不生气，所以才得以这么长寿吧。

据说王阿婆年轻的时候，丈夫是个酒鬼，经常喝得酩酊大醉，回来就在她们母女俩身上撒气。但每次不管她丈夫怎么闹，王阿婆从来没有在她女儿面前冲丈夫发过火，她总是一边安慰着年幼的女儿，一边端来醒酒汤给丈夫醒酒，并且麻利地收拾丈夫吐下的秽物。

时间长了，邻居们都看不下去了，纷纷指责她的丈夫，说王阿婆这么好的女人，又会过日子，脾气个性又好，他怎么就不懂得珍惜呢？后来不知是邻居们的劝说起了作用，还是觉得自己岁数大了再闹下去太不像话，王阿婆的丈夫渐渐不去喝酒了，对王阿婆和女儿也格外体贴关心起来，一家人日子过得和和美美。

在王阿婆50岁的时候，不知怎么竟得了中风，她的丈夫带他走遍了省城的各大医院，大夫都说治不好了，但在她丈夫的坚持和悉心照料下，最后竟然痊愈了，知道的人都说这真是个奇迹。从那以后，邻居们都更加羡慕王阿婆了，都说她嫁了个好人，现在是苦尽甘来。

由于从小就耳濡目染，母亲的言谈举止、一举一动早已铭刻在心，王阿婆的女儿也和王阿婆一样，脾气非常好，对人又热情又和善，经常被左邻右舍的人当做教育子女的样板。而且最最重要的是，王阿婆的女儿对王阿婆非常孝顺，从来不顶撞王阿婆。人们都说，王阿婆是个有福气的女人，做女人做到这个份上，也算是一种功德圆满了。

故事里的王阿婆可谓是中国传统女性的代表，她通情达理，乐观豁达，她的所作所为不仅赢得了丈夫的心，获得了邻居们的尊重和赞赏，更重要的是她的行为成了女儿最好的教科书，使女儿长大后也像她一样受人欢迎。王阿婆是幸福的，她的幸福很大程度上来自她从不生气、不发火，她的情绪始终是健康的。我们怎么做才能保持健康的情绪呢?

1. 给自己定一个明确的目标

一个心中有目标的人,她的生活永远是有方向的,她会为了自己的理想和信念而不断进取。同时,因为心中有目标,她很少受周围环境的影响,做起事情来会更加专一,也因此比别人更容易获得成功。作为女人,当你感觉生活百无聊赖的时候,试着给自己订一个目标吧,当你静下心来专注地去完成这个目标的时候,好心情自然会与你不期而遇。

2. 工作生活中注意劳逸结合

随着经济社会的高速发展,我们的生活节奏也变得越来越快,时间就是金钱,为了让自己活得更充实,生活得更好,我们常常废寝忘食地工作,并以此为乐。时间长了,身体却受不了了,不是这儿不舒服,就是那儿痛,搞得我们很烦恼。女性朋友在日常的工作和生活当中,一定要劳逸结合注意休息,身体是革命的本钱,身体都不好了我们的心情又怎么能好呢?

3. 正确看待自己的不良情绪

心情不好的时候要注意调节,既不能把它看得过重,又不能完全放任不管任其发展。要学会正确看待自己的不良情绪,烦恼的事情人人都有,不良的情绪也不是单单喜欢找你,有时候,客观地分析往往比仓促处理更有意义,只有你正确地认识自己的错误,你才能有的放矢地改正。同样的,女性朋友一定要明白,只有你看清楚自己的不良情绪,才能改变它。

4. 好心情要跟身边的人分享

当我们开心快乐的时候,不要吝啬我们的快乐,把让我们高兴的事情说出来,让亲人和朋友也一起分享我们的成功,跟我们一起快乐。下一次,当别人有喜事的时候,肯定也会记得跟我们一起分享。女人一定要记住：健康的情绪离不开快乐的心情，更离不开别人的分享。让我们的好心情带给所有的人开心快乐，让别人高兴的时候也让自己更幸福。

✿ 感性女人更要会控制情绪

同样身为女人，有些人相对理性，能很好地控制自己的情绪；有些人则非常感性，心思细腻，落花伤春，落叶悲秋，文学作品中最典型的形象就是《红楼梦》里面的林黛玉。不是说感性不好，凡事都有度，太感性了，别人无意中开个玩笑你也放在心上，表现在脸上了，谁能受得了啊。作为一个成熟的现代女性，一定要学会控制自己的感情，不被情绪所左右。

谈恋爱的时候，陆峰就发现文秀比别的女人感性，喜怒哀乐几乎全写在脸上。那时候，他觉得女人这样挺好的，简单好相处。他可不想跟一个戴着面具的女人生活一辈子，那样太累了。

可结婚以后，陆峰才发现，文秀完全不会控制自己的情绪，简直就是孩子的脸说变就变。前一分钟还喜笑颜开的，后一分钟立马拉着个脸，好像全世界的人都欠了她一样。了解她性格的人还好说，知道她就这个脾气，其实心里并没有什么恶意，但不熟悉的人就很容易产生误会。

这不，那天陆峰的爸妈来城里看儿子儿媳妇，顺便给爸爸检查一下腿。刚进门的时候，文秀还说说笑笑，表现得很得体，一个劲地拉着婆婆的手问长问短，又是端茶又是递水的。谁知当她听婆婆说老两口起码要在这儿住个十天半月才回去的时候，就一下子不说话了，一时间弄得一家人都很尴尬。

当着父母的面，陆峰也不好说什么。趁文秀下去买菜的功夫，陆峰连忙对父母解释说文秀这两天身体不舒服，所以才会那样，请爸妈不要介意。可陆峰的妈妈偏偏是个爱面子的人，认定了文秀并不是真心欢迎他们的到来，饭也不吃就拉着陆峰爸爸走了。

文秀买菜回来一看，家里一个人也没有，给陆峰打电话也不接。一会儿，陆峰回来了。文秀正准备问公公婆婆到哪去了，还没开口，就听陆峰生气地说："你给我坐下，我问你，你刚才为什么对我爸妈那样？"

文秀疑惑地说："哪样啊？我回来的时候你们都不见了，打电话你又不接，还以为你带爸妈出去吃饭了。"

陆峰气呼呼地说："还狡辩，要不是你一言不发，我爸妈能走吗？不就是我妈说了想多住几天吗？你就不高兴了！"

文秀委屈地说："不是不想让他们住，你想想我们家住6楼，你爸爸腿又不好，一天上来下去的病岂不是越来越严重，还有我实在不知道怎么跟他们相处，一听他们要住好几天突然之间觉得很害怕，不知道该怎么办，你又不是不知道我想事情的时候就好像在生气……"

陆峰听了真是又气又无奈，他知道文秀说得是真的，但爹妈肯定对文秀有成见了，文秀啊文秀，你就不能稍微控制一下吗？别人又不是你肚子里的蛔虫，能知道你想什么，唉。

故事中的文秀，因为不能很好地控制情绪，使得公公婆婆产生了误会，认为她不欢迎他们的到来，而负气离去。虽然文秀并没有恶意，想得也很周到，但她的言行举止却让别人接受不了。所谓"人心隔肚皮"，好心还要懂得用合适的方法表现出来，否则很容易让别人误解。所以，有时候感性归感性，但也要学会控制。感性女人应该怎样控制自己的情绪呢？

1. 分清处所场合

女性朋友一定要明白，即使你很感性，但也要分清场合，不能由着自己性子乱来，想生气就生气，想发火就发火，不看对象是谁，也不管在什么地方，如果我们真的那样做，恐怕没有几个人敢跟我们交往了。从某种程度上说，不懂得控制自己的情绪就是一个人很幼稚不成熟的表现，想想看，有谁愿意跟一个不成熟的人做朋友呢？

2. 分清事情轻重

有些小事，当然我们感性一些，跟着感觉走没有什么大碍，而且，感性的人在生活中通常感觉更轻松更快乐一些，因为少了很多世俗的束缚，但我们不能因此而将感性进行到底。不管事情大还是小都怎么想就怎么说，怎么想就怎么做，光顾着自己痛快，而忽略了其他人的感受，因此，对女人而言，一定要分清事情的轻重缓急，再决定是该感性还是该理性。

3. 自我心理暗示

遇到事情先不要急着反应，想想怎么做效果才最好，然后再决定该说些什么，该做些什么，时刻在心里提醒自己，三思而后行。不论情况怎么样都要控制自己的情绪，不能自己先乱了阵脚，时间长了，习惯成自然，慢慢地我们不但会很快能将事情处理得妥帖，而且人也会变得成熟理性起来。因此，感性女人要注意经常做自我心理暗示。

4. 进行药物调理

如果你有意控制，也没有办法左右自己的情绪，而且各种办法都试过了也不管用，这个时候，女性朋友就要考虑用药物进行调理，因为这说明很可能我们身体的某个部位出现了毛病，所以导致我们的情绪失去了控制。总之，不管用何种方法，一定要把情绪控制在自己和他人能接受的范围之内，不让它影响到我们的工作和生活。

第 7 章

工作情商：
做职场中最受欢迎的女人

现今社会男女平等，大多数女人都有自己的工作。不同的是，有些女人在职场平步青云，而有些女人则只能默默无闻。同样是女人，为什么会出现这么大的差距呢？究其原因，是因为前者懂得在职场的生存之道，从而进退自如；而后者却不懂人情世故，因而不受欢迎。那么，对于一个职场女性来说，如何才能被人喜欢和接纳，为你的职场生涯赢得机遇呢？这就要学习一些基本的方法和策略，或许它们会帮助你迅速成熟起来。

❋ 闯荡职场，女人要心明眼亮

人们常常说商场如战场，在职场也是一样的。由于存在着各种机遇和利益的竞争，刀光剑影，明争暗斗的事情时有发生。如果你稍微不注意，就会引火烧身，给你的职业生涯蒙上阴影。对于很多女性来说，尤其要注意，别以为只专心做事就能稳妥自保。如果你心不明、眼不亮，就会被别人推在刀锋浪尖上。

玉雯刚刚跳槽到了一家比较大的文化传播公司做设计，来了没多长时间，她就发现公司内部"有鬼"。员工彼此之间并不和睦，他们分成两派，分别听命于总经理和副总经理，两位领导积怨很深，因此，两班人斗得非常厉害。

这天，玉雯做好了一个方案，拿去给主管审核，主管看了之后，对她说："你去给总经理看一下吧，如果没问题的话就行了。"

总经理看了之后，一顿训斥。玉雯只好再次费了很大的心血，重新做了一个方案，还没有等她拿去请总经理过目呢，副总经理走进了办公室，看到她做的方案后，也将她狠狠地训了一顿。

这时候主管悄悄地走过来，对她说："你还不明白吗？不是你的方案做得不好，是因为你没有明确地表达到底站在哪一边。如果你跟我一样，站在了总经理这边，那么副总根本不敢对你说什么。你看看他怎么不敢对我指手画脚啊？"

中午，行政部的主管主动靠近了玉雯说："玉雯，你知道今早上为什么副总要批评你吗？"

玉雯假装什么也不懂，摇了摇头，对方悄悄地说："这还不明白吗？

那是副总给你的下马威，他是要让你明白，他才是你真正的领导，你啊，要尽早地靠近他，这样以后有他罩着你，就连你们主管也不敢对你说什么。"

这让玉雯非常为难，不管站到哪一边，都会得罪人。第二天，她把方案又做了一遍，这一次她没有直接去找总经理，也没有请示副总经理，而是把方案直接交给了主管。

主管看了看说："很不错，我这里通过了，你拿去请总经理看一下。"

玉雯一本正经地说："你是我的领导，向上层领导交代那是你的责任。"由于主管是总经理的人，方案通过自然是没有问题。

第二天，当副总向玉雯要设计方案的时候，玉雯说："我已经交给主管了，她已经审核过了，你去问她要吧。"副总经理从主管那里看了一下，没有再说什么。

故事中的玉雯在公司里处于两派之间，谁都想拉她入伙。如果她这时候，随便靠近了哪位领导，这就意味着要得罪一大帮同事，这对她以后的工作来说会很麻烦。这时候她采用了巧妙的措施，保护了自己，不去靠近谁，也不去得罪谁。可见，在职场中，作为女人，要有点心思，学会保护自己，否则在各种矛盾的斗争中，你就会成为牺牲品。那么，对于女人来说，在闯荡职场的时候，如何才能做到心明眼亮呢？

1. 适当学会"逃避"责任

很多时候，在职场里存在着明争暗斗，如果是职员之间，还比较好处理，远离他们就是了，可如果像故事中的领导之间的争斗，那么势必会演变成两派人之间的争斗。这时候不管你选择谁，都不是明智的选择。作为一个聪明的女人，你要学会把责任往你的领导身上推，从而避开风险，得以自保。如果你不会，那么就会成为双方攻击的对象。

2. 千万不要表达"爱憎分明"

作为一个职员，在公司帮派争斗的过程中，谁都想拉你入伙，不管你选择依靠谁，势必会得罪另外一方；如果你的靠山倒了，那么无疑你的发展也就到头了。这时候，作为一个聪明的女人，千万不要随便地选择，你只要把你的本职工作做好就行了。尊重你的每一个领导，尊重你的每一个同事，让他们明白你在中立态度。

3. 适当的时候一定要糊涂一些

身在职场，要"耳听六路，眼观八方"，看清楚你周围的各种危险和利害关系，但表面上一定要装做什么也不懂。这样一来，即使双方争斗起来，你也是个没事的闲人，别人也不会为难到你的头上来。如果你让身边的人感觉到你很聪明，那么，他们会感觉到危险，自然会把斗争的矛头转向你。作为女人，一定要懂得大智若愚的道理。

4. 谨慎些，勿做别人手里的"枪"

即使你没有选择任何一方，但是你也要谨慎些，避免被别人当"枪"使，从而让另外的人感觉到你是敌人而排挤和打压你。因此，作为女人，不管是你的领导还是你的同事，和他们相处的时候都要小心谨慎，在做事情的时候，一定要多想想，最好将事情做得圆滑一些，千万别沦为他人手里的"枪"。

✤ 职场竞争，不一定每次都要胜利

身在职场，和同事们之间存在着竞争也是一个不争的事实。有的人觉得，自己如果有本事有能力，一定不能失败。但是，很多时候尽管最终你赢了，却因此而得罪了其余的人，你的胜利则是变相的失败。同样，有的时候，你失败了却赢得了人心，你就是最终的赢家。对于女人来说，一定要明白这一点。

华洋和美语差不多同时进公司，两人都非常努力，因此成长得非常迅速。在进公司不到一年的时间里，两人的业绩突飞猛涨，迅速夺取了销售部的前两名，这让别的同事刮目相看。

由于销售部的经理在过去的一年中表现平平，因此，公司高层决定，在华洋和美语中间选拔一个人来当销售经理。这对于两人来说，无疑是个机遇，如果能当上这个经理，不光是有了地位，更重要的是收入要比之前翻上几倍。因此，两人都积极努力，志在必得。

这天下班后，同事们都陆续离开了办公室，华洋却迟迟没有离开。过了不一会儿，她悄悄来到总经理的办公室，敲敲门走了进去。

第二天，公司宣布华洋成为销售部的经理，美语与之无缘。当美语前去询问的时候，被总经理狠狠训了一顿。原因很简单，总经理说美语在工作中利用职权卖人情，给公司带来了很大的损失。原来，美语在一次做业务的时候认识了一个客户，对方非常喜欢美语，因此在业务上给了她很大的支持，美语觉得对方的订单量大，所以在价格上给了适当的优惠。

事实上，这是美语的个人隐私，她只跟华洋无意中说过，总经理怎么会知道呢？再说，对大客户的优惠政策也是公司的规定，怎么会扯上人情呢？想到最近部门里销售经理的竞争，美语心里什么都明白了。

华洋尽管获得了这个销售经理的职位，可是同事们都不认可。因为大家觉得她这个销售经理当得实在有些不光彩，是靠出卖别人的隐私换来的。所以，平日里她安排工作的时候都没人理会，相反美语却得到了很多同事的同情和拥护。

由于华洋得不到同事们的帮助和配合，销售业绩一路下滑；相反，美语却得到了大家的帮助，销售业绩迅速攀升，甚至达到华洋的两倍，这让华洋非常没有面子。没过多久，她主动辞去工作，离开了公司。

故事里的华洋在和同事美语竞争销售经理的职位时，采用了卑鄙的手段，尽管表面上看，她赢了，获得了这个职位，可是却失去了同事们的信任和支持，实际上是失败了。可见，在职场上，并不是每一次的竞争都要赢，如果为了赢而不择手段，失去了人心，那么你虽胜犹败。那么，作为女人，在职场竞争中，如何看待成败呢？

1. 不要太看重名利

职场竞争激烈，无非是为了获得更多的利益，为了自己有个更好的前途。但是作为女人，在追求名利的时候，对名利要有正确的认识，千万不要被名利所俘虏，为了利益不择手段。在工作中有机会就要争取，能赢暗自庆幸，赢不了也不要沮丧和绝望，或许你还有更多的机会在前面等着呢。

2. 竞争要光明正大

面对职场上的竞争，要心态端正，赢要赢得坦荡磊落，即使输了，也会赢得别人的尊重。如果你自己没真本事，靠一些歪门邪道来取得胜利，这样即使你获得了升迁的机会，你在这个位置上也坐不住。所以，对于女人来说，在职场中竞争不一定非要赢，如果你的实力不行，就要输得心服口服，让别人尊重你。

3. 学会赢得人心

作为职场中的一员，每个人都想获得升迁的机会，但机会是给那些真正有能力的人准备的。你要用实力让大家对你心服口服，这样你赢了，大家会真心支持你；如果大家不服你，就算你当上了领导，也驾驭不了别人。对于女人来说，这一点一定要明白，在竞争当中，赢得人心才是真正的赢。

4. 要懂得高处不胜寒

做了领导，和同事们之间的地位关系不平等了，慢慢地也就会和同事们疏远，正所谓"高处不胜寒"。长此以往，如果以后再有了升迁机会，大家未必像以前那样拥护你，支持你，或许你就没有办法再次赢得竞争。

因此，要懂得放弃，把一些机会让给别人，从而和同事们搞好关系。这样，等更好的机会来临的时候，你会再次脱颖而出。

❀ 赞美同事，给自己找个帮手

在职场中，很多时候我们需要同事的帮助才能更好地去完成你的工作，但是同事并没有责任必须来帮助你。这时候，你就要学会通过赞美，让他们内心愉悦，从而心甘情愿地主动帮助你。对于女人来说，更要学会这一点，在适当的时候赞美和夸奖你的同事。

刚从大学毕业，小马应聘到一家大公司做管理工作。刚加入公司时，小马一个人要管理100多人，可想而知，压力有多大。由于刚从学校毕业，小马工作经验严重不足，面对这么多的管理工作，慌了手脚，她每天都尽力做到最好，可是结果却不尽如人意。

无奈之下，小马想从公司找个帮手。这天，她假装若无其事地来到前台，对前台负责接待的同事小青说："小青，你看我们两个年龄差不多，可你看起来你比我年轻多了，你是怎么保养的呀，教教我呗！"听完小马的话，小青不好意思地说："哪里，马姐过奖了。"可是心里却美滋滋的。

小马说："你不但人长得漂亮，工作能力也比我强。你每天面对那么人都可以应付自如，还有这些资料，经你整理过之后从来没有出过错，我太佩服你啦！"这时候，小青笑得嘴都合不拢了。

小马接着说："哎，我和你真没法比呀，你整理这么多东西，都可以做得井井有条，可是我连个拆分信件都做不好，每次总是张冠李戴。"听到这话，小青笑着说："要不我来帮你弄吧，反正每天的信件都会先送到我这里。"

听到小青这么说，正合小马的意，她谦虚说："你这么忙的，我怎么好意思让你来帮助我呢！"

小青拉着她的手说："马姐，你就别跟我客气了，帮助你分忧解难是我的荣幸啊，而且可以还可以锻炼锻炼，反正每天我也有大把的时间。"

小马笑着对小青说："那实在太谢谢你了，改天我请你吃饭啊。"

就这样，小马成功地拉到了前台接待小青来帮助自己。之后，小马又用了同样的方法，成功争取到几个普通职员的帮助。虽然他们能够帮助小马做的都只是一些简单的工作，但是在一定程度上大大节约了时间。

故事中的小马在想得到小青帮助的时候，并没有直接说，而是通过赞美和夸奖，满足了小青的虚荣心，让她觉得自己的能力强，所以主动要求来帮助小马，事实上，这正是小马所期待的。由此可见，在适当的时候夸奖和赞美你的同事，可以获得她们的帮助，那么，作为女人，如何做到这一点呢？

1. 多肯定对方的能力

通过赞美和夸奖同事满足她们的虚荣心来获得帮助的时候，要多赞扬对方的成就，多肯定对方的能力，以此来暗示对方是个有本事的人。谁也不希望自己可有可无，不希望听到别人说自己没有能力。因此，作为女人，赞美同事的时候，多肯定对方办事能力强，无疑正中对方的下怀。既然自己的能力得到了你的肯定，对方自然会慷慨相助，以证明自己确实办事能力强。这样一来，成功达到了寻求帮助的目的。

2. 利用对比向对方示弱

一般情况下，只有弱者才需要别人帮助。因此，在满足对方的虚荣心来操控他人的时候，除了赞美对方的能力强之外，还要用对比来向对方示弱，这样就能更好地达到目的。如果对方的能力强，而你不及时示弱，那么对方觉得你不需要他的帮助，因而放弃帮助你。这样一来，也就失去了意义。所以，作为女人，一定要及时向对方示弱，让对方把帮助你变成责任。

3. 要把握住对方的性格

把握住别人的性格，才能更好地激发他们的情绪。有的人特别爱慕虚荣，有的人却很实在，因此，在通过赞美和夸奖同事来满足她们虚荣心的方式来实现目标时要选对人。如果对方淡泊名利，那么你的赞美和夸奖根本就不起作用，因此，对于女人来说，在赞美之前，要对她的性格有个如实的把握。

4. 要扣准对方在乎什么

有的人很在乎自己的相貌，有的人很在乎自己的能力，还有的人在乎自己的背景，因此，在夸奖同事的时候，要把话说到点子上去。比如说一个女孩很在乎自己的相貌，希望别人说她漂亮，可是你一直说她的家庭背景，试想，这样能让她满足内心的虚荣吗？因此，对于女人来说，要想满足对方的虚荣心，那么就要弄明白别人究竟在乎什么。

❋ 应付嫉妒，做坦坦荡荡的自己

在职场里，同事们之间多多少少存在着竞争的关系，如果你表现突出了，难免会引来别人的妒忌和不满。这时候，作为女人，千万不要和别人去怄气，也不要感觉到不好意思，你要明白，你没有去伤害别人，而是别人无法解决他们内心的不平衡，这不是你的错误。坦坦荡荡地做好你自己便好。

欣妍是新来的销售员，尽管她来公司只有半年的时间，可是业务却做得越来越好，有时候甚至超过了一些经验丰富的老业务员。上个月，由于是销售旺季，再加上欣妍的拼命努力，销售业绩一下子蹿到了第一名，超过了公司的金牌销售员雯娜。

从那之后，欣妍渐渐地感觉到平日里对她不错的雯娜开始慢慢疏远她。之前，她遇到销售中的难题，都会主动向雯娜请教，可是现在她再向雯娜请教的时候，却被雯娜狠狠地讥讽了一顿。一开始，欣妍觉得很奇怪，不知道究竟是怎么回事，慢慢地她明白了过来，雯娜在嫉妒她。

自从明白了是怎么回事之后，她再也没有主动找过雯娜，而是对自己的工作更加用心了。常常上班前第一个到公司，下班后最后一个离开，就连周六周日，她也主动加班，去联系和拜访客户。

功夫不负有心人，经过这个月的艰苦付出，她终于得到了相应的回报，销售业绩比上个月再次高出了三分之一。雯娜由于把更多的精力放在了关注欣妍的举动上，工作上就没有多大的起色，这样一来，欣妍和雯娜之间的差距越来越大了。

但是欣妍并没有满足，在第三个月里她更加努力了。她不再蹲在办公室里打电话了，而是坐车去一些比较远的地方主动拜访客户，扩大了客户的合作规模。由于她之前把客户的基础做得很扎实，再经过合作规模的不断扩大，她的销售额创下了公司的奇迹。

这时候，她发现雯娜不再敌视她了，还主动和她和好，同事们对她也非常尊重。

故事里的欣妍因为工作努力，超过了金牌销售员雯娜，结果遭到雯娜的嫉妒。但是欣妍并没有因此向她示弱，而是通过不断地努力，把她远远抛在了后面，最终赢得了所有人，包括雯娜的尊重。可见，在职场里遭到别人的妒忌是再正常不过的事情了，大可不必为此感到不安，只要你坦坦荡荡地做好自己就可以了。那么，作为女人，在遭到别人的嫉妒时，如何做到这一点呢？

1. 要明白，你不必为他人的心理负责

如果你表现得比别人优秀和突出了，难免遭到同事们的嫉妒和不满。这时候你要明白，你没有做错什么，他们的心里不平衡，是他们自己需要

解决的问题。如果这时候，你内心之中有什么愧疚和不好意思，就会影响你继续努力的热情，这样下来，你就会和他们一样变得有了惰性。因此，作为女人，通过自己的努力变得优秀，你应该感到满足和自豪。

2. 更加努力，拉大和别人之间的差距

身在职场，每个人的能力大小很大程度上是与他们的努力挂钩的。如果你的表现刚好比别人超过一点点，那么你很容易遭到嫉妒和不满，对方会把你当做敌人一样，想要超越你。这时候，你要做的就是更加努力，和他们拉大距离，让同事觉得要想超越你是不可能的。这样，你也就不是他们的目标了，彼此之间因为嫉妒而对立的情绪自然就解除了。

3. 不论如何，姿态上表现得低调一些

如果你表现得比别人优秀，那么别人心里不平衡是很正常的，此时你更要表现低调一些，默默努力。这样，即使别人心里嫉妒你，也不会和你对抗。但是，如果你姿态上过于张扬，无疑深深地刺痛了别人，让对方因之记恨于你。因此，对于女人来说，要学会低调一些，尤其是你超越别人的时候。

4. 不要担心你过于优秀和同事不合群

很多人能力很强，慢慢超越了所有的同事，鹤立鸡群，这样逐渐和所有的同事之间拉开了距离，在公司里没什么朋友。这让一些人心有顾忌，觉得太过优秀会让别人容不下。事实上，大可不必为此而顾虑，人都喜欢和优秀的人套近乎，如果你足够优秀，你的同事们会非常尊敬你，巴不得和你拉上关系。相反，如果你是最糟糕的那个，才会没有人搭理你呢。

❋ 面对机遇，主动出击谋发展

在职场中，很多时候机会完全把握在自己的手里，看你会不会去争取，敢不敢去挑战。尤其在工作发生变化的时候，作为女人，如果你主动去向领导请求做一些不好做的工作，那么不但可以赢得领导的欣赏，而且还获得了一个证明自己的机会。

晓雨是公司的行政主管，她从最基层一步步地做到这个位置上整整用了六年的时间，可谓是一路熬上来的。可是晓雨并不满足只做一个小小的行政主管，她想做的是公司的总经理。就在她为此苦恼不堪的时候，机遇却从天而降。

原来，由于公司北方的市场受到了同行的严重打压，公司董事会决定在北方重新调整营销策略，把北方分成西部、中部和东部三个营销区，各自灵活制订相应的营销方案。这样灵活性增大了很多。把一个区域分成了三个，这就意味着需要三个营销经理。

得到这个消息之后，晓雨第一时间向公司的董事会提交了自己的申请。由于晓雨的工作能力很强，再加上她也有做过大型营销的工作经历，因此，她获得了东部市场营销经理的职位。这对于晓雨来说，无疑是向自己的理想迈了很大的一步。

就任营销经理之后，晓雨积极组织员工展开了市场调查，根据东部消费群的性格特点和消费习惯，制订了一系列的销售方案，把责任分到每个销售员的头上，采取划区、划片、划户等方式，铺天盖地抢占市场，三个月下来，愣是把对手挤出了市场。无疑，晓雨取得了巨大的成功。

这次成功，让晓雨在公司里名声大振。后来由于中部和西部区域的销

售依然不佳，晓雨又承揽了这两个区的销售任务，她不停地奔波，终于在半年之后取得了骄人的成绩，在公司的地位一下子上升到所有的副总之上。

在第二年的董事大会上，晓雨获得了总经理的提名，并且得到了大部分董事的支持，如愿以偿地当上了公司的总经理，全权负责公司的运营。这是她渴望了很多年的梦想，竟然在一年之内就实现了。她坐在总经理的办公桌前，感慨万千，如果不是自己主动请求，或许永远没有机会实现这个梦想了，现在她终于证实了自己的能力，在挑战中完成了人生的一次飞跃。

故事里的晓雨在公司进行调整的时候发现了机遇，主动出击谋求发展，结果她的命运在这个转折点上出现了奇迹。可见，对于女人来说，工作出现变动未必是一件坏事，如果你真的有能力，完全可以主动出击，为自己谋求更好的发展机会。那么，作为女人，如何才能做到这一点呢？

1. 迅速捕捉工作变化的信息

任何事情的变化都是有征兆的。在公司里，如果高层有什么新的调整计划，一般公司核心层的一些边缘人员会提前知道。要迅速地捕捉到这些信息，为自己主动出击做好心理准备，这样在机会来临时才不至于过于慌张。

2. 关键时刻果断做出抉择

当机会来临，你要迅速做出决策，千万不要优柔寡断。女人很多时候都没有主见，这时候不妨跟你的丈夫或者家里其他人商量一下，但是自己一定要有主见，要迅速地做出抉择，千万不要让机会从你手里溜走。作为女人，在关键时候，一定要有点魄力，要果断地做出抉择，抓住机遇。

3. 不要过度担心自己会失败

很多女人都不喜欢变动，希望能求稳定的状态，因此在工作变动的时候，往往很慌乱，担心自己做不好，或者对自己缺乏必要的信心。若果真如此，这时候你已经输掉了。因此，对于一个想要在职场上有所发展的女人来说，一定要有自信，相信自己的能力，这样你才敢于去主动出击争取机会。

4. 不要担心自己会遭到拒绝

公司发生变动之后，并不是每个人的主动出击都能被通过的。作为女人，你要有充分的心理准备，在主动请求接受挑战的时候，不要担心自己会遭到拒绝。你不试怎么能知道自己会被拒绝呢？所以，作为女人，要去争取每一次机会，即使遭到拒绝的可能性很大，也要去争取，换个角度思考，即使你被拒绝，也会引起公司高层的关注的。

❋ 亲和力给你带来无限的机遇

人都喜欢善良的人，喜欢容易相处的人，这样相处起来会轻松得多，这就是人们常说的有亲和力的人。同样，在职场里，一个有亲和力的人通常也会获得无限的发展机遇，因为有亲和力的人往往更能让人喜欢和接近。对于女人而言，善良一些，温和一些，有意识地培养这种亲和力，机遇自然会垂青于你。

嘉和是一个老销售员了，不但有丰富的销售经验，而且和客户打惯了交道，知道怎样争取客户，但这都不是她成为一个优秀销售员的主要因素。更重要的原因是她对任何人都总是笑呵呵的，眼神里充满了期待，很有亲和力。

事实上，她的亲和力确实也给她带来了极大的机遇。有一次，她去拜访一家会展公司的总经理张某。据说张总是个脾气非常糟糕的人，很多公司的销售员都被他骂了出来，嘉和好几个同事都吃过闭门羹。当嘉和出现在张总面前的时候，她并没有说自己是销售员，而是把自己说成是市场调研员，希望能和他沟通来做行业调查报告。由于她总是笑呵呵的，非常和蔼，令人感觉很有涵养，这让张总以为她真的是调研机构的工作人员，因此很配合地和她进行了沟通和交流。

在交流当中，嘉和掌握了张总的需求信息，她并没有着急向张总推销产品，而是诚恳地感谢了张总的配合。过了三天，她带着礼物再次去拜访了张总。见到张总之后，她认真地道歉，道出了自己的身份。由于嘉和总是保持着微笑，说话很温和，而且很有礼貌，因此得到了张总的原谅。由于之前嘉和对张总的需求信息了解得很清楚，再加上她给张总留下的第一印象非常好，所以，这次交谈很顺利。当嘉和这一次离开张总办公室的时候，她手里拿着价值200多万元的合同。对于销售员来说，这可是一个了不起的成绩。

当嘉和拿着单子回到公司的时候，同事们投来羡慕的目光，这个单子给公司带来了巨大的利润，嘉和因此从一个普通的销售员被提升做了公司的销售经理。

故事里的嘉和由于非常有亲和力，所以获得了客户张总的认可，把握住了合作的机会。同时，因为她成功拿下了这个大单子，也获得了升迁的机会。可见，对于女人来说，亲和力可以带来机遇，带来财富，还会她们带来别人的认可和尊重。那么，对于女人来说，如何提升自己的亲和力呢？

1. 经常面带微笑

通常情况下，我们在看到别人微笑着面对自己的时候，往往心里会感到很温暖，因为你从别人的微笑里看到了她的友善和真诚，以及对你的认可和欢迎。因此，对于女人来说，要想提升你的亲和力，那么不妨面带微笑，把你的友善和真诚传递给身边的每一个人，让他们感受到来自你的温暖。

2. 说话口气要缓和

一个有亲和力的人，在气场上绝对不会挤压别人的空间，一般表现在他们说话的时候非常温和，让别人感受到温暖，觉得自己受到了尊重。因此，作为一个身在职场的女人，要想提升自己的亲和力，就要学得淑女一些，说话声音轻柔一些，缓和一些，用你的声音去温暖别人的心。

3. 画个温暖的淡妆

我们知道，人的气场可以通过化妆来调整。如果想让自己的气场强一些，那么可以适当增加脸部的棱角，比如说眉毛画得锐利一些；相反，要想让自己多些亲和感，那么在化妆的时候，可以把眉毛画得平缓一点，打暖色调的粉底等，妆容圆润，从而让别人不经意间感受到你温暖的气场。

4. 提升自身的涵养

一个人有没有亲和力，在很大程度上是由这个人的涵养和修为决定的。对于女人来说，如果你想提升自己的亲和力，不妨多增加自身的涵养，让你的亲和力由内而外流露出来，给人一种如沐春风的感觉，这需要用一生的时间去沉淀和修炼。可谓是女人的终身必修课程。

第 8 章

金钱情商：
做财富金字塔的建筑师

　　生活中，只要细心观察，你就会发现，有些女人年龄不大，却非常富有，过着很小资的生活。而相反，另外一些女人年龄不小了，甚至是走进了婚姻，却依然只能勉强温饱。拿做生意来说，有的女人能轻轻松松地赚钱，而有的女人却累死累活地赔钱，不是她们天生愚笨，而是因为她们不懂得如何理财。决定一个女人究竟做什么样的人、过怎样的生活的，往往不是男人，而是她们自己。作为一个女人，要想让自己活得更有价值、更有意义，就要学会经营自己的人生，就要懂得建造自己的财富金字塔。

✽ 懂得投资才是赚钱的长久之道

生活中，我们总是见很多女人，又要赶着加班，又是紧着出差，整天忙得不可开交，累得腰酸背痛，可是手里拿到的薪水始终少得可怜，只能解决温饱，并没有赚到多少钱。俗话说：人赚钱困难，钱赚钱容易。作为女人，你要明白，要想赚钱，就要懂得投资，让你手里的资金开始增值，才能让你的财富不断增多。

阿丽是个非常要强的女人，总是希望自己的日子能过得比别人好。所以，平日里兢兢业业地去工作，而且为了加班，牺牲了很多休息时间。这样一来，对家的照顾就少了很多，好在老公叶龙理解她、支持她，所以让她感到欣慰。

按理说，叶龙一个月三千多块钱的工资，完全有能力让生活过得好一些，但是阿丽想得却很长远，她不想永远靠着老公的工资过活，再加上孩子也开始上学了，不赚钱能行吗？

可是，让她失望的是，她辛辛苦苦地加了两个月的班，却只多拿了五百元钱，再看看她的姐妹阿梅，每天在外面闲逛，可是每个月的收入是她的三倍多。这引起了她的强烈不满，在认真地思考了之后，她决定自己投资做点小生意。

说干就干，在阿梅的帮助下，她在商厦里租了一个摊位，跟着阿梅做起了化妆品的生意。阿梅做生意好多年了，懂得买卖之道，而阿丽却是个生手，干了三个月，不但没有赚到钱，还把自己辛辛苦苦攒起来的两万元钱赔了进去。阿丽觉得自己可能真的不适合做生意，有了想要退出的念头。

在阿梅的劝说下，阿丽坚持了下来。没生意的时候，她总是爱到阿梅的摊位前转悠，认真学习阿梅如何跟客户谈生意。又过了半个月，她的买主渐渐多了起来，她也学会了跟顾客讨价还价的一些技巧。

半年过去了，她的生意越做越好，不但赚回了之前赔进去的两万元，还多了五万多元钱的利润。看着眼前的一大沓钞票，她有些激动了，这些钱要是让她上班去挣，要整整三年的时间才能挣回来啊。

当她激动地把这个消息告诉阿梅的时候，阿梅笑着拍着她的肩膀说："瞧瞧，这点钱就让你激动成这个样子，要是再赚多点，那是不是要激动地跳楼了啊？"

尝到了做生意的甜头之后，她让老公辞了职，又把赚来的五万多元钱投资出去，租了一个不大的服装铺面。两口子整天扑在生意上，一个月下来就有两万多元钱的收入，这是他们之前想也不敢想的。

故事中的阿梅之前每天忙得焦头烂额，可是却始终挣不到钱，后来在好朋友阿梅的帮助下，做起了生意。尽管遭受了挫折，但是她坚持了下来，最终尝到了甜头，赚了不少的钱。那么，对于女人来说，如何投资才能赚钱呢？

1. 从自己熟悉的行业入手

俗话说：隔行如隔山。对于一些陌生的行业来说，你一窍不通，如果投资这样的行业，会有风险。因为连你自己都不懂，你怎么可能让别人满意，赚别人的钱呢？所以，对于聪明的女人来说，别只看着别人赚到了钱，就跃跃欲试，你首先要弄明白你的优势在哪里，从你熟悉的行业入手，你至少懂一些，不至于云里雾里摸不着。

2. 要看到你的利润在哪里

既然是要投资做生意，那么目标很明确，就是赚取利润。作为一个聪明的女人，你要看到自己所赚取的利润在哪里，自己该去从哪里下手，该从什么地方努力，这些都要想清楚。如果你连自己所赚取的利润都看不到，那么你怎么可能赚到钱呢？商场竞争如此激烈，你稍不留神，就有可能赔得一干二净，所以投资前一定要谨慎。

3. 投资时要摸着石头过河

对于第一次投身商海的人来说，都想着一下子投资进去多少钱，赚到多少钱。但是生意中充满了各种风险，有些你能预料到，有些你根本没法预见。尤其是你没下过海，不知道水的深浅。如果盲目地大笔投入，很容易让你赔得倾家荡产。所以，对于第一次下海的女人来说，投资做生意的时候，要先少投资一点，试试水，然后再慢慢扩大，这样能避免风险。

4. 要懂些赚钱的博弈之术

在决定投资之前，要清楚做生意的博弈之术，生意的利润大，也会伴随着大的风险。所以，在生意场上赚钱或者是赔钱都是很正常的事情，千万不要赚了钱就眉开眼笑，信心大增，赔了钱就愁眉苦脸，打退堂鼓。这样，你永远赚不了钱。对于第一次投资经商的女人来说，这一点一定要认识清楚。

❀ 最利于女人使用的投资方法

女人投资做生意跟男人做买卖还不一样，男人往往会选择大手笔，做起来难做，但是做成了也赚大了；而女人相比于男人来说，胆量小，心理承受能力小，往往会选择那些做起来相对容易些，更需要精力和耐心才能赚钱的生意。因而，对于女人来说，投资前一定要选择适合自己做的生意。

相对于别的女人来说，丹霞的生活可谓是异常坎坷。嫁了个老公，却是个不思进取的家伙，每个月拿着微薄的收入，整天混在麻将馆里过日子，全然不顾老婆孩子的死活。尽管丹霞拼命地工作，可是生活依然过得紧巴巴的。

为了能提高生活质量，丹霞决定下海做生意。但是考察了很多行业，发现都非常难做，再加上自己又没有多少经验，所以始终不敢迈出第一步。后来，她听经营着一家建材店的哥哥说，利润非常可观，于是她四处筹借了10万元钱，在建材城做起了自己的店铺。

尽管有哥哥帮忙，可她是女人，干活又没有多少力气，进货和发货的时候都需要出力气干活，尤其是刚开始经营，没有稳定的客户，她自己做不动，只好花钱请人做，这样，利润更少。所以，三个月下来，她累个半死，不但没有赚到钱，还赔进去了不少。

在哥哥的建议之下，她决定不再待在铺面里等生意，而是要主动去找生意。于是她常常不辞辛劳地奔波于很多工地上，由于负责工程的大多都是男人，丹霞和他们相处的时候往往放不开，所以很多机会都从眼前溜走了。

后来，好不容易有一个包工头表示愿意跟她合作，在请客吃饭的时候，包工头借着酒劲，对她动手动脚，进而提出了非分的要求。丹霞性格刚烈，自然不肯委屈自己，于是唯一的一个大单子也就这么黄掉了。

就这样，丹霞的店铺没过多久就关门了。这次下海，不但没有赚到钱，还让她背上了不少债，这让她的老公暴跳如雷，进而提出和她离婚。身心疲惫的丹霞二话没说，就在离婚协议书上签了字，她的债务她一个人来还。

当从那个绝望的家里走出来的时候，她第一次流下了眼泪。

故事中的丹霞之所以经商失败，除了她对这个行业不懂之外，更主要的是她在选择投资的时候，选择错了方向，结果不但没有赚到钱，还背上了一屁股的债务。可见，在选择投资的时候，一定要谨慎，作为女人，要选择自己适合做的行业去做，千万不要只盯着利润，而不顾自己的实际情况。那么，对于女人来说，有哪些投资的方法比较适合呢？

1. 选择做一些生活用品的投资

对于女性来说，在投资时，要多考虑自身条件，最好选择不用出力气，又能多赚钱的投资，那么不妨去做一些生活用品的投资，比如说小家电，或者是服装鞋帽等。这样的生意做起来比较轻松，也不需要女人出多大的力气。你只要学会在进货和销售上的一些技巧，凭借着自己的努力，一定能将生意做起来。

2. 一些女性日用品的生意可做

女人跟男人打交道，毕竟有所忌讳。因此，作为女人，在投资时，不妨在女性消费品上动脑子，比如做一些女性时尚服装，女性内衣或者女性包等。因为客户是女人，你更能把握她们的心理，和她们沟通起来也没有压力。同时，可以从女人的角度给予消费者一定的建议和意见，这样你的生意会慢慢步入轨道。

3. 不妨考虑一些服务性的行业

女性不妨发挥女人的性格特点，做一些服务性的行业，比如做一个非常精致的美发店、美容店，如果你的资金有限，还可以考虑一下做一个美甲的摊位等，通过服务来赚钱。当然这样的店需要你有一定的技术，你得让客户对你的服务满意，这样客户才会乐意地掏腰包。

4. 多想些需要细心能做好的活

对于女人来说，要发挥你细心、耐心的优势，选择那些利润大，而且需要你和顾客进行耐心细致的沟通来赚钱的行业。比如说做金银首饰生意，这是高档消费品，利润绝对不会小，但是客户不会随便掏钱，这就需要女人细心和耐心地与顾客沟通，让她们信任你，你的生意才会兴隆。

❀ 能说会道，女人赚钱第一关

生活中，我们发现很多会做生意的女人往往口才非常好，她们和顾客沟通起来总是滔滔不绝，把自己商品的劣势愣是说成了优势，让客户满意，乖乖地掏钱。所以，作为女人，要想做好生意，赚到钱，就要能说会道，引导客户进行消费。显然，如果客户不消费，你就没有利润。

俏俏大学毕业之后，没有像别的同学一样拿着简历找工作，她选择回到老家，开起了一家儿童服装店。

一大早，她刚打开店门，就看到女人带着一个小姑娘走进了店里。俏俏见有客户上门了，于是热情地迎了上去，说："早上好。"

女人微笑着点了点头，小姑娘向四周望了望说："姐姐，我喜欢那套有美羊羊的小裙子。"

这时候，女人对俏俏说："你把那套衣服取下来我看一下。"

俏俏把衣服取了下来，递到了女人的手里，女人认真地翻看了一下做工，然后摸了摸手感，对俏俏说："多少钱啊？"

俏俏笑着说："先让孩子试一下吧，看合适不合适，价钱回头商量。"说着帮着小姑娘穿到了身上，大小刚好合适。

女人说："多少钱啊？"

俏俏说："100元钱吧，你们是今早上第一个客户，差不多就行，图个开张。"

女人说："太贵了吧，这么一个小裙子就100元钱，能不能便宜点啊？"

俏俏反问道："你觉得什么价钱能接受啊？"

女人想了想说："50元怎么样啊？"

俏俏摇了摇头说："你出的这个价钱，我连货都进不来的。"

女人再一次看了看小裙子，说："这样吧，我再加10元钱，60元钱怎么样？"

俏俏笑着说："大姐，60元钱卖给你的话，我还赔上20元呢。你知道现在生意特别难做。最起码别让我赔钱了。你说是不？"

女人笑着点了点头说："你说的也是，那你什么价钱卖呢？当然在保证你不赔钱的前提之下。"

俏俏说："实话说，这套衣服进价就80元呢，这样吧，我也真是喜欢你们家的孩子，你就给90元钱吧，让我挣上10元钱，交个杂费，再吃个饭，你看行吗？"

女人笑了笑说："80元不能卖啊？"

俏俏说："姐姐，原价卖给你，我要交房租、水电费，还有我连个饭也吃不上，你说合适吗？我主要觉得你人好，再加上我也喜欢这孩子，所以我才减价10元钱的。"

女人点了点头，没有再说话，付了钱离开了。

故事里的俏俏在和顾客谈买卖的时候，能说会道，最终让女人掏钱买了衣服。如果她拙口笨舌，或许价钱被压了下去，或许顾客不满意，扭头走掉。可见，在做生意的时候，对于女人来说，嘴巴利索一些，能为自己赚取最大的利润。那么，作为女人来说，如何说话才能让客户认可你，甘愿掏腰包呢？

1. 把话说到顾客的心坎上

在和顾客讨价还价的时候，一定要把话说到顾客的心坎上，这样，顾客觉得你善解人意，懂他的心。所以，对于女人来说，要想练就好的口才，引导顾客顺从你，那么就要在说话的时候多注意。比如说顾客注重的是质量，那么你就要迎合顾客，多谈你的商品质量有多好，赢得顾客的认可；如果顾客在乎的是价钱，那么你就要在价钱上来赢得顾客的心。

2. 要引起顾客的情感共鸣

尽管顾客是来买商品的，但是作为一个会做生意的女人，这时候你要把隐藏在商品中的情感挖掘出来，继而引起顾客的情感共鸣。比如故事中的俏俏在和顾客谈价钱的时候，谈了自己做生意的不容易，从而引起了客户的情感共鸣。事实上这对顾客也是个很好的说服。

3. 强调和顾客之间的情分

人与人之间是要讲缘分的，有些人一见面就彼此喜欢，所以，作为一个聪明的女人，当客户跟你谈价钱的时候，要学会和客户之间讲情分。比如故事中的俏俏，一再强调顾客是个好人，自己喜欢她的孩子等，把自己和她们之间的这份情谊说到了前面。这样，顾客便不好意思再斤斤计较了。

4. 不要直接拒绝客户

任何人都不喜欢被别人拒绝，尽管你不同意顾客的建议，也不要说"不行"或者是"不可能的"等，你的直接拒绝会让顾客的心里非常不舒服。这时候，你只需说出自己的想法和理由，无疑就是变相对对方的否定。所以，作为一个会做生意的女人，是绝对不能直接去拒绝客户的。

❀ 灵敏头脑快速发现商机

要想投资做生意，就要捕捉好商机。很多时候，我们都觉得赚钱很难，不知道从何入手，事实上，商机往往蕴藏在你的身边，你却没有发现。当别人捷足先登了之后，你才感到后悔和遗憾，但是这时候你再去跟进，已经没有利润可赚了。因此，对于女人来说，与其在云里雾里艰难地寻找商机，不如留意一下你的身边，或许你就能发现赚钱的机会。

王彤结婚已经七八年了，现在已经是两个孩子的妈妈。随着孩子们的不断长大，开销也越来越大，光靠她和老公每个月几千元钱的收入，感觉到越来越紧张，因此她有了想辞职，下海经商的念头。

王彤开始不断寻找商机。和很多人一样，她并没有特殊的技能和经验，刚开始的时候她在卖服装和餐饮方面考虑，觉得做服装干净一些，轻松一些，于是就想开一家服装店。当她把这个想法和亲戚朋友们说了之后，几个做服装生意的朋友劝她最好别做服装，因为这个行业竞争很激烈，而且利润小、投资大，对于初涉商海的王彤来说并不是个好的选择。

王彤不得不放弃了这个念头，转而开始考虑开一家小餐厅。很快，她的这个想法又被否决了。因为她的表哥曾经开过餐厅，不但人累得够呛，还赔了不少钱，表哥得知她有这个念头的时候，立即上门给她来了个现场说法。

于是，王彤又不知道做什么了。就这样，她不断有想法，又很快被否决掉。整整半年的时间过去了，她依然没有想明白，自己到底做什么合适。她征求亲戚朋友们的意见，提出的建议很多，但是很快又被不同的人给否决了。

一次，王彤去送孩子上学的时候，在路边看到了一家专门针对孩子开的儿童乐园店，生意非常好，于是走进店里去看了一下。儿童乐园店分成了几个主题区，分别经营孩子们的服装、玩具以及学习用品，还有一个专门供各个年龄段的孩子们玩耍的游戏室，甚至还有各种艺术培训班。

按理说，王彤已经是两个孩子的妈妈了，在孩子们的身上花了不少钱，而且随着孩子们的生活越来越丰富，支出越来越大，她应该明白这里面的利润很大，应该比别人更容易发现这个商机，可是她却在不断寻找中被别人捷足先登了。

王彤从儿童乐园店里出来之后，想迅速跟进，可是还没等她把店面找好，市面上已经出现了不少这样的店，这些店的生意也是大不如最早开的那一家。这时的她也明白，再跟进去已经没有意义了。

故事里的王彤有了想做生意的想法，于是不断寻找商机，可是却没有留意自己身边的机会，结果让一个能让她真正赚钱的机会溜走了，等她发现的时候，已经被别人捷足先登了。可见，商机稍纵即逝，如果头脑不聪明，眼光不敏锐，那么本该属于自己的机会就会被别人抢走。那么，对于女人来说，如何保持敏锐的头脑去发现商机呢？

1. 多留意身边花钱多的地方

对于现在的家庭来说，女人一般都掌握着家里的财政大权，自然清楚家庭的开销中什么占的比重最大。你要清楚，你的家庭就是千千万万家庭的缩影，在你的家庭中占据比重大的支出，很大程度上也是别的家庭中的主要支出。在这些方面多留意，你就会找到赚钱的商机，当然这要看你的头脑是否足够聪明了。

2. 多考虑一下行业的延伸区域

往往市场上，很多泾渭分明的行业已经相当饱和，但是在这些行业的延伸区域或许还有赚钱的机会。因为市场上很多产品卖出去了，但是服务却没有跟上去，但是老百姓又有这个需求，作为一个聪明的女人，如果你能够提供热情满意的服务，那么你的钱自然不会比别人赚得少。

3. 注意一些新生的消费需求

很多时候一些新的东西会带来市场的空白，比如说网络越来越普及了，但是懂电脑的人毕竟是少数，尤其是一些软件方面的技术，很多普通的老百姓并不懂。在使用电脑的过程中，一旦出现问题，便会束手无策。作为女人，如果你能发现这个新生的消费需求，及时跟进，那么无疑你就捕捉到了商机。

4. 要对流行有足够的认识度

消费者中间会流行什么，往往是一个缓慢的过程，包括流行到来的各种迹象等，作为一个聪明的女人，要及时捕捉到这些信息，然后及早做好投资的准备。当然，这需要你多关注身边的不同年龄阶段、不同社会身份的人，因为很多时候，他们的消费倾向代表着和他们相似的那一部分人。

✿ 理财和赚钱永远要同步进行

生活中，我们总能看到很多人赚的钱也不少，可是最后手里可支配的钱却并不多，这些钱究竟去了哪里，连他们自己也不明白。这让很多人苦恼不已。尤其是一些女人，忙出忙进，赚了不少钱，可是最终却拿不出钱来跟丈夫交代，这不免会伤害家庭的和睦以及夫妻间的信任。女人，在赚钱的同时，也要学会理财。

段欢之前是一个小学的语文老师，工资收入非常有限，眼看着亲朋好友一个个富裕了起来，她也辞了职，在商场里租了一个摊位，做起了小家电的买卖。由于段欢的细心认真以及不断地努力学习，所以经营了半年之后，就赚了5万多元钱，这是她当老师三四年的收入呢，因此，她深感欣慰。

可是，当她去银行查看自己账户的时候，却意外地发现，自己的账户不但没有她赚回来的5万元，而且还欠下了银行1万多元钱。她有点不敢相信自己的眼睛，可是空空如也的账户和她亲自办理的贷款手续却摆在她的面前。

于是她亲自一笔一笔地查了账户的资金流动，没有任何问题，出款入款都是她亲自办理的。那么这些钱究竟去了哪里呢？就连她自己也说不清楚。于是，她把这个情况告诉丈夫，一开始丈夫也为她着急，可是过了几天后，丈夫跟她的关系出现了微妙的变化。

这天，他们终于爆发了一场争吵，丈夫非常愤怒地吼道："你把钱转移走了，还给我装糊涂，一家人搞这种事情，也太没意思了吧！"

段欢委屈地说："咱们是夫妻，你怎么可以怀疑我的忠诚呢？真是太让我伤心和失望了。"

"可是钱为什么不翼而飞了呢？你让我怎么相信你？"丈夫气呼呼地冲她吼着。

段欢哭着说："我要是能说清楚，就不着急了。可是我现在不是说不清楚吗？你要相信我。"

遭到丈夫的怀疑之后，段欢痛定思痛，发誓一定要把账弄清楚。于是她认真地准备了一个小本子，把每一笔支出和收入都记得清清楚楚，平日里的花销也要标注清楚。这样，当月的利润就清清楚楚了。

这么一做账，段欢才发现，自己平日里不注意，在消费的时候总是不知道省钱，很多资金就在这一笔一笔的零钱中被消耗掉了。从那以后，她在不断赚钱的同时，认真地规划每一笔支出，开始在金钱上斤斤计较了。

故事中的段欢赚了钱，却不会理财，结果钱找不到踪影了，从而影响了家庭的和睦，伤害了夫妻的感情。后来，经过她的认真反思之后，在理财方面做了细致的工作，利润才变成了现钱。可见，对于女人来说，会赚钱的同时，一定要学会理财，要让你赚取的利润变成你手里的现钱，否则你辛苦了，却只能是徒劳无功。那么，对于女人来说，如何做到理财和赚钱同时进行呢？

1. 认真记录收入和支出的账目

做生意，你的收入减去支出，便是你的利润所在。很多时候，我们总记住自己赚取的钱，却把支出的钱给忘得一干二净，总以为自己应该有多少利润，可是一看账目却并非如此。因此，作为一个会赚钱的女人，在做生意的时候，一定要认真记录每一笔收入和支出，这样一目了然，你的钱就不会不翼而飞了。

2. 考虑每一次支出是否必要

当你记录了自己的账目之后，你在支出的时候就会心里有数。因为你做生意追求的无非是最后的利润，如果支出过大，那么意味着你的利润在不断地缩小。因此，作为女人，在花钱的时候一定要多考虑一下，你的每一笔支出是否真的很有必要，如果没有必要，那么不妨取消支出计划，学会省钱。

3. 赚进和支出都要斤斤计较

很多财富的积累往往是从你平日里看不上的一角一分开始的。作为女人，你要清楚，你做生意赚取的就是这些小钱，在你和顾客谈生意当中，要斤斤计较，不要随便让顾客抹去这些零头。同样，在你支出的时候，也要分角必争，这些小钱往往就是你的利润所在。这一点，对做生意的女人来说很重要。

4. 理清账目，切忌掺杂和混淆

每一笔收入和支出都要做出明确的账目，千万不要把很多笔账目混淆在一起。因为你在理清每一笔账目的时候，能清晰地看到自己的利润，但是混淆掺杂在一起，你的利润就会模糊不清。尤其是生意账目和你的日常生活混在一起之后，你就更加糊涂自己究竟赚了多少钱，时间久了，你的利润便会不翼而飞了。

❋ 能推销出自己的女人更有财路

很多时候，我们总以为顾客之所以跟你合作是你的产品质量好，实际上往往并不完全如此，有些客户之所以购买你的产品，是因为认可了你这个人，才愿意选择和你合作。否则，市场上好质量的商品很多，客户为什么偏偏选了你的产品呢？况且你所销售的产品未必是市场上最好的。所以，从这个角度上说，能把自己推销出去的女人才更会赚钱。

黄玉莉在商场里租了很大的一个摊位，专门经营销售家电，她所销售的电器并非是名牌，质量也不是最好的，但是生意却做得非常好。很多顾客都是回头客，买了电视，会再次找她买冰箱。实话说，她所销售的家电的价格并不比名牌电器的价格低多少，客户之所以选择和她合作，是因为她会推销自己，而且能把自己推销出去。

这天，一大早，刚刚上班不长时间，两个年轻人径直走了过来。黄玉莉微笑着迎了上去，热情地说："欢迎光临，早上好。"

小伙子也笑着点了点头说："我们看看你这里的冰箱。"

黄玉莉说："你们需要多大容量的呢？我帮你们推荐一下。"

小伙子说："容量大一点的吧。"

黄玉莉说："你们是小两口独立居住呢，还是和长辈一起生活？如果是小两口独立居住的话，我建议你们买个小点的。"

小伙子说："我们是独立生活的，你觉得多大容量的比较合适啊？"

黄玉莉笑着说："两个人用的话一般中小型的就完全可以了，因为平时需要放的食物也不会太多，像这种规格的就完全可以。"说着，黄玉莉指了指旁边的一款小型冰箱。

女孩打开冰箱看了看，说："会不会太小了啊？"

黄玉莉说："你们就两个人用，顶多以后再添个孩子，能放到冰箱里的东西也就那么多，大冰箱对你们来说并不是最好的选择。当然，我这完全是为你们着想，大冰箱不但价钱贵，而且用起来耗电量会很大的。当然，如果你们觉得大冰箱划算的话，那就不妨看看那边的那几款。"

听黄玉莉这么一说，女孩认真地看起了小型冰箱。但是她好像对冰箱并不了解，看了几分钟，也没有看出个门道，于是转身对黄玉莉说："你觉得哪一款质量好一些呢？"

黄玉莉说："说实话，要是我选择的话，我会选择粉红色的那一款，那是最新的款式，而且用起来简单多了，价位也便宜一些。你看的这一款有一个弊病，小抽屉的把手不好用，时间久了，很容易掉。"说完拉开冰箱，让女孩看。

很快，两人就付了钱，买走了一款粉红色的冰箱。没过几天，他们又来买走了电视和空调。

故事里的黄玉莉在跟顾客推销商品的时候，通过热情细致的工作，把自己推销给了顾客，顾客正是因为认可和接纳了她，而最终选择了和她合作，也正是因为如此，他们才会再次找她。从这个例子可看出，顾客购买商品往往并不仅仅因为商品的质量有多么好，很重要的一点是因为卖商品的人态度好，服务周到，觉得跟她合作放心。那么，作为女人，在推销商品的时候，如何才能首先把自己推销出去呢？

1. 对待顾客要有足够的热情

我们知道，很多时候，当别人和你接触的时候，我们要表达出自己的热情，因为你的热情就是对对方的欢迎。同样，在做生意的时候，如果顾客来到了你店里的时候，要主动一些，热情一些，让顾客感觉到你很欢迎他。你的热情能温暖客户的心，让他们想要留下来和你商谈，这是合作的基础。作为女人，一定要用你的热情和大方去赢得顾客的欢心。

2. 真心实意地为顾客着想

对于顾客来说，他们总觉得你是卖家，他们是买家，之间存在着利润的博弈，卖家不会为买家着想。作为一个会做生意的女人，要学会真心实意地去为顾客着想，就像故事里的黄玉莉一样，站在顾客的立场上，给出了合适的建议和意见，让顾客觉得她并不是只为了赚钱，而是在服务，这样，她被顾客认可也就是理所当然的事情了。

3. 把你对顾客的关怀送出去

生活中，对于陌生的人，我们往往不会去关心他们，在生意场上更是如此。很多人觉得，顾客买了我的商品走了，就跟我没有关系了。如果你这么想就大错而特错了。别忘了，你的顾客也是人，他们也需要别人的关怀，尤其是买东西的时候，希望得到你的关心、你的问候。别小瞧这些，因为它会让顾客觉得你很有人情味，继而认可你，肯定你。

4. 对待客户不妨坦诚一些

我们知道，任何的产品都不可能完美无瑕，在向顾客推销商品的时候，我们不妨坦诚一些，把产品的缺点和不足告诉客户，从而赢得客户的信任。当客户信任你的时候，事实上也就是你把自己推销出去的时候，他们和你合作也就有了心理基础了。因为他们觉得你很坦诚，不会只为了买卖商品而欺骗他们。

✿ 能赚会花，提升自己的生活品质

我们之所以投资，是因为想要赚取更多的钱，最终的目的当然是为了提高生活的质量。但是对于做生意的人来说，他们知道赚钱不易，所以花起钱来会非常仔细。当然这并没有什么不好，但是如果过于节俭，往往会因为省钱而降低了生活质量。这种现象，在做生意的女人中间并非少见。

艾菲在做生意之前是个公务员，生活稳定，收入也不错，小日子过得有滋有味。可是她却不满足，不顾家里人的反对毅然决然地丢掉了手里的铁饭碗，下海做起了化妆品的生意。由于没有足够的经验，刚开始她把自己苦苦攒起来的10万元钱赔了个干干净净。

但是，她并没有因此气馁，而是总结经验，又经过多方筹措，把生意坚持了下来。由于她的不断学习和努力，生意终于慢慢地步入了正轨。每个月少说也有2万多元钱的纯利润。这时候，那些曾经反对和嘲笑她的声音渐渐消失了。

可是，赚了钱之后的艾菲越发显得穷酸了。她已经好几个月没有给自己添置新衣服了，自己用的化妆品也是最便宜的，只要听说哪里有打折优惠，她会拼了命去抢购。在之前做公务员的时候，她是从来不会这么做的。

同样，她在家里的消费上也是如此。给孩子买的衣服越来越便宜了，平日里做饭买菜也是挑最便宜的买。她这么做，引起了老公的强烈不满。

这天，他对艾菲说："我就不明白了，你做生意也赚了不少钱，可是咱们的生活质量怎么越来越低了啊？"

艾菲说："你懂什么啊，以前我们手里的钱有限，可总是在扮大款，花起钱来没个谱，现挣的钱全现花了。当我做生意失败的时候，我才发现我是多么需要钱。你没有经历过，你不会明白的。"

看着艾菲慢慢沦为了"守财奴"，老公说："艾菲，你当初为什么要下海呢？"

艾菲理直气壮地说："当然是为了多赚钱啊。"

老公接着说："那么，赚钱是为了做什么？"

艾菲白了一眼老公说："当然是为了提高生活质量。"

老公说："可是，现在你赚了钱，我们的生活质量却越来越低了。"

艾菲想了想，没有再反驳。从那以后，他们的生活慢慢发生了变化，艾菲又变回那个漂亮能干的女人了。

故事里的艾菲赚了钱，却变成了守财奴，不但没有提高生活质量，反而由于过度节省降低了生活质量，引起了丈夫的不满。可见，对于女人来说，赚钱的同时还要学会花钱，这样才不会背离赚钱的原始目的，才能让你赚起钱来动力更大。那么，女人如何做才能既赚钱又会花钱呢？

1. 赚了钱要敢于花钱

对很多生意人来说，赚起钱来不容易，所以总是担心手里的钞票会消失掉，总是不敢花钱，赚的钱越多越不敢花钱。就像故事中的艾菲一样，变成个不折不扣的守财奴。事实上，这样一来，你就会变成钱的奴隶，甚至会为了赚钱不择手段，这就是金钱的邪恶性。所以，对于女人来说，一定要明白赚钱的目的，是为了获得更多的支配权，而不是被钱支配。

2. 把钱花在关键地方

对于一些必须要花钱的地方，女人一定不能节省，比如为自己增添新衣服，家里改善伙食等，因为这些地方直接与生活的质量有关系。如果在这些地方节省和克扣，往往会让周围的人觉得你有江河日下的感觉，同时，这也会对你的生意带来影响。所以，在关键的地方一定要花钱，而且要花得物有所值。

3. 非必要的钱可不花

很多时候，我们在消费时并不是理性的，许多东西买了又没有多大的用处，反而会让你支出很大的一笔钱。因此，对于女人来说，消费的时候一定要多想几遍，如果没有必须要买的理由，那么最好别去购买，买了你就会后悔。这样一来，不但可以节省开支，而且又不影响生活的质量。

❀ 财富靠积累，省钱自有道

生活中，我们常常听到很多人说"敢花钱的人才会赚到钱"，这话乍一听有一定的道理，但是仔细一琢磨就有问题了。只有你赚到钱了才能花钱，如果没赚到钱，那你花什么？再说了，如果赚到钱就花，那么你永远只能在穷人的行列里徘徊，因为你的财富是镜中花，水中月。因此，对于女人来说，你要明白，金钱需要积累才能算作财富，有了钱千万别像个暴发户一样挥霍，要学会节省。

张桂去年开了一家婚纱摄影店，连带着卖摄影器材。由于张桂是个小有名气的摄影师，再加上她的不断努力，生意做得有声有色，短短的一年时间，她已经赚了20万元。赚钱之后的张桂发生了变化，她之前总是很朴素的艺术家造型，穿着淡雅，不化妆，尽管相貌平平，但是别有一番风味。现在的她几乎每天换一套新潮的衣服，每套衣服都在500元钱以上；鞋子更是昂贵，低于1000元钱绝对不穿；再看看她的脸，浓妆艳抹，据说是每化一次妆就要花去200元；手上更是带着硕大的钻石戒指。除此之外，常常邀请一些有钱的朋友参加聚会，当然，全是她做东。

尽管她现在有点钱，但是哪里经得起这么折腾，再加上她现在的心思没在生意上，半年多的时间里，她的20万元就只剩下了2万元，店里的生意也是日渐惨淡。眼看着自己要再次沦为穷人，张桂开始感觉到压力，想要在生意上再做努力。

可是，这个时候，很多婚纱摄影连锁店做得有模有样，像她开的店，在规模和档次上相对来说已经较低了。张桂想要扩大规模和提高档次，可是手里的2万元钱根本做不了什么。为了不让自己的店倒下去，她四处奔波向亲戚朋友们筹款。由于有钱的时候，张桂看不起亲戚们，很少走动，所以，没有人借给她。

后来，她不得不从银行里贷出了10万元钱用于店面装修。当身上背上债务的时候，她才后悔当初自己是多么愚蠢，把手里的钱挥霍一空。也许是经历过的这些让她变得成熟了吧，从那之后，她把主要的精力都投入到了生意当中去。

很快，她的生意再次焕发出了生机。这一次，张桂再也不敢乱花钱了，除了生活中的日常开销，赚的钱都被她如数存了起来。几年之后，她的生意越做越大，财富越聚集越多，成了名副其实的有钱人。

故事里的张桂因为赚了一点钱，便开始没有节制地挥霍，没有及时地积累财富，等生意上出现了问题，需要钱的时候，她却两手空空，拿不出来。后来，她明白了财富是靠积累起来的道理，再也不乱花钱了。事实上，也正是因为如此，她的财富才越积累越多。可见，对于女人来说，要想让自己真正有钱，就要学会积累财富，学会省钱。那么，对于女人来说，究竟如何做到这一点呢？

1. 要记住挣钱的艰辛

对于做生意的女人来说，即使你现在有钱了，也不要忘了，你的这些钱是辛辛苦苦挣的血汗钱，花钱的时候要懂得珍惜，事实上，这也是对自己的尊重。否则，你如果觉得反正现在有钱了，就忘却了之前的艰辛，想怎么花就怎么花，那么迟早你还得艰辛地去赚钱。不懂得珍惜自己付出的人永远不会真正富足。

2. 不要盲目追求享乐

有些女人挣钱的时候很辛苦，但是挣了一些钱之后，就觉得自己是有钱人了，不能再苦着自己了，于是盲目追求奢侈品，追求享乐。事实上，你只是在满足自己的虚荣心，并不是真正地善待自己。相反，过分地追求物质享乐，会让你的精神变得贫穷，也会使你的生活变得穷困。对于女人来说，这一点一定要明白。

3. 要明白钱越花越少

如果你觉得自己有钱了，便花钱如流水，随便挥霍，那么你要清楚，你的金钱是有形的，迟早有一天会被挥霍完。因为你每花掉一笔就会少一笔，如果你花钱的速度远远超过了挣钱的速度，你的钱自然会越花越少。因此，对于女人来说，如果做生意赚了钱，一定要记住，钱花一分就少一分，少花一分钱就是多挣一分钱。

4. 不要轻易满足自我

对于做生意的女人来说，你自然也清楚，财富是永远没有上限的。千万别挣了一点钱就觉得自己是个财主了，便四处炫耀，向别人证明你有钱了。事实上，比你有钱的人多的是，如果你不积累财富，迟早你的钱会装进别人的口袋里。因此，对于女人来说，不要轻易满足于自己现在的成就，花钱省着点，留着钱扩大经营或者是防御风险。

第 9 章

人脉情商：
用优良的人际环境培植幸福之树

　　一个女人要想获得幸福和成功，仅靠个人的努力是不行的，还需要别人的帮助和提携。在社会生活中，如果你不善于与人相处，锋芒咄咄逼人，那么就会在人际交往中处于被动，长此以往，会形成恶性循环；相反，如果你懂得建立良性的人际环境，与人相处融洽平和，潜移默化中会将生活融入和谐的氛围，你将会有意想不到的收获。那么，作为女人，究竟该如何建立一个优良的人际环境呢？这需要一些技巧和方法。这一章，我们将重点讲解一些社交处世当中需要注意的问题，希望对您的成长有所帮助。

❋ 现代女性要会扩大自己的社交圈

在现实生活中，多一个朋友多一条路，或者说多一种选择。作为一个现代女性，一定要学会扩大自己的社交圈，借助他人的力量来使自己快速成功。尤其身处今天这样一个竞争激烈的时代，如果我们不擅交际，不会处理身边的各种人际关系，做起事来便会感到处处都是障碍，往往付出的比别人多，结果却差强人意。

小凤是一家房地产公司的文员，因为初来乍到，虽然早上主管对办公室的同事一一作了介绍，但她还是没能完全记住她们的名字。偏偏那天办公室的电话又特别多，于是，一早上，小凤一会儿出去叫红梅，一会儿出去叫胡玫，成了十足的"跑腿员"。本来同事之间互相帮忙是件好事，可问题出在人家说找红梅的时候，她叫来了胡玫，找胡玫的时候，她又叫来了红梅，一来二去，搞得大家都很不高兴。

接下来的几天，小凤发现，每次见面都是她主动向同事们打招呼，她们从来不主动跟她说话。难道是那天接电话的事她们生她的气了？小凤心里嘀咕，但又转念一想，不会吧，我又不是故意的，谁让她们的名字听起来那么像呢。不过好在快到月底了，由于工作量非常大，也就渐渐忘了这件事。

很快，小凤已经能叫出公司所有同事的名字了。在这期间，不忙的时候她就去主动帮助同事，慢慢地，同事们对她的态度好了很多。

一天早上刚上班，主管就给了小凤一份表格，说让她马上做出来，并且打印50份。小凤正制表呢，经理又拿了一份材料进来，说让她赶快把这份材料复印20份，一会儿新员工培训要用。

两个工作都很紧急，都要马上要，怎么办？正在小凤左右为难之际，胡玫进来了，小凤试探地问："胡玫，你这会儿忙不忙？"

胡玫："不忙，怎么了？"

小凤："能不能帮我复印20份材料，急用。"

胡玫："正反面是吧？"

小凤："是，正反面20份。"

说完胡玫就拿着材料出去了，十几分钟后，胡玫抱着装订好的整整齐齐20份材料进来了。小凤接过材料，感激地说了声谢谢，胡玫嗔怪地说："你我还用客气，以后忙不过来的时候说一声。"小凤点点头。那一刻，小凤突然觉得以前受再多委屈都值了。

故事里的小凤刚到一家新公司时，由于初来乍到，认错了人叫错了名字，无意中得罪了同事，受到了办公室同事集体的"排挤"。后来，由于她不计前嫌，在工作中多次主动帮助同事，最终消除了误会，重新赢得了同事的尊重和信任，建立了融洽的职场关系。由此可见，良好的人际关系在我们日常的工作中是多么重要。那么，现代女性该怎样扩大自己的社交圈，多交朋友呢？

1. 克服羞怯心理

作为女性，第一次和陌生人交谈，很多人都会很害羞。往往当我们这样想的时候，好像话也不会说了，甚至还会出现失态的情况。之所以会这样，很大程度上是我们对自己不自信，可能觉得自己不漂亮，身材不好，或者说话的声音不好听等。事实上，我们只要表现出真实的自我就可以了，别人怎么想怎么看那是他的事。只有我们克服心理障碍，勇敢地迈出去，才能把人际交往的主动权牢牢掌握在自己手里。

2. 主动向人示好

工作或生活中，主动向他人示好，让他人感觉到他对你很重要，表示出你喜欢和他相处，并暗示和他共事或者生活很愉快。当然，你这样做的结果，很可能是热脸贴了个冷屁股，但人心都是肉长的，刚开始的时候可能你觉得不好意思，但坚持下来，时间长了就成了别人不好意思了，因为，在这个世界上，没有人会不需要别人的关心。

3. 培养多种兴趣

想想看，你的朋友当中有多少跟你有同样的兴趣爱好，恐怕这个数字连你自己都要吓一跳吧？在我们的朋友当中，除了一起长大的邻居，一块上学的同学，可能就数"臭味相投"的朋友最多了。爱打乒乓球，可能我们会在球桌上成了朋友；爱看书，可能会在图书馆里成为朋友，共同的兴趣爱好使我们的心比别人走得更近，常常使我们有说不完的话题。因此，多培养一种兴趣爱好，就会多一条交友的途径。

4. 主动帮助别人

在生活中，没有人会一帆风顺，正所谓"家家都有一本难念的经"。平时没事的时候多打个电话，关心一下朋友，联络一下感情；遇到朋友有困难需要帮助的时候，尽量帮一把，帮人帮自己，谁还没个落难的时候。当然，帮就帮了，只要双方心里有数就行了，不要搞得好像从此你成了债主一样，那样你们的朋友关系也就算走到头了。

❈ 闺蜜在心，好姐妹帮你分担喜忧

生活中，作为女人，或多或少都有几个知心朋友，她们或许是从小玩到大的伙伴，或许是同学和同事，总之是可以说悄悄话的闺蜜。在我们遇到悲喜哀乐的时候，总是喜欢向她们倾诉，喜欢和她们一起享受幸福，分担痛苦。所以，对于女人来说，不管遇到什么事情，都要记着你的闺蜜。

梦呓和男朋友小鹏因为一件小事情大吵了一架，她觉得小鹏对她实在是太不好了，随后向小鹏提出了分手的决定，小鹏什么话也没有说，就离开了。当天晚上，她去找从小玩到大的闺蜜黄芪，把她的不满和愤怒一股脑倒给了黄芪。

黄芪听了，一个劲地安慰她。

可是小鹏时间长了没有给她打电话，她又觉得有些孤单，实话说她开始想念他了。这天，她心情非常低落，晚上她又去找黄芪。黄芪见她情绪这么差，关切地问："怎么了？遇到什么事情了？"

梦呓半天没说话，眼泪吧嗒吧嗒地流了下来。黄芪走上前去，轻轻抱住了梦呓。过了一会儿，梦呓的情绪稍稍缓解了一些之后，黄芪说："到底遇到什么事情了？说出来嘛，或许我能够帮助你呢？"

梦呓盯着黄芪的眼睛认真看了几秒钟，说："黄芪，我很想小鹏。"

黄芪叹了口气说："那怎么办啊，是你把人家踹掉的嘛。"

梦呓哭着说："我后悔了。你说我们还可以回头吗？"

黄芪想了想说："也不是不能，但是前提是如果他还对你有感情，那么回头是必须的；如果他决定把你遗忘掉了，就没有必要回头了。要不然你会很被动的。"

梦呓说："我怎么知道他对我有没有感情了呢？要不你出面去跟他聊一下。"

黄芪说："我出面跟你出面几乎没有什么差别，他知道我出面也是代表着你的意思。"

梦呓难过地说："那怎么办啊？"

黄芪说："我想，得需要一个陌生人的身份去询问他的想法，我想他对陌生人应该会坦诚相告的。"

梦呓说："可是哪里去找这么合适的一个陌生人呢？而且又得让小鹏说出心里的想法。"

黄芪诡秘地一笑，说："这可就得依靠高科技了。"说完打开了电脑。

于是，当晚梦呓以一个陌生人的身份加了小鹏的QQ号码，在梦呓的诱导下，两人聊起了感情的问题。在聊天中，梦呓得知，小鹏对自己还是一往情深，还是割舍不下。小鹏说，之所以没有再找她，是不想让她不开心。梦呓听了，流出了感动的泪水。

故事中的梦呓由于赌气和男朋友分了手，很快，她就感到后悔了。可是由于是她提出的分手，回头又觉得面子上过不去，所以感觉到为难。后来她把这个苦恼的问题告诉了闺蜜黄芪，黄芪给她出了个主意，从而让她再次了解了男友对她的感情。可见，对于女人来说，难免会遇到伤心难过的事情，不妨告诉你的闺蜜，寻求她们的帮助。那么，作为女人，如何做到这一点呢？

1. 对闺蜜要信任

对于女人来说，能彼此成为闺蜜，自然两人的感情非同一般。所以，不管发生什么事情都要对你的闺蜜绝对信任，把你心里的小秘密说给她们听。比如说你暗恋哪个男生，你对谁有好感等，一般这些都是女孩子的闺房话，相信你的闺蜜也不会随便告诉别人。如果你不信任你的闺蜜，那么即使她们想帮助你也无从下手。

2. 尊重她们的建议和意见

当闺蜜知道了你的心事之后，或许会提一些建议和意见，不管她们的建议好不好，你都要尊重她们。当然，在闺蜜面前完全不用掩饰什么，自己的想法都可以完全表达出来。如果对方真的把你当贴心的朋友，自然不会跟你计较什么的，当然，如果你动不动冲她们发脾气，也会影响你们的感情。

3. 彼此谈心绝对坦诚

既然是你的闺蜜，那么和你的关系自然是非常近，因此，作为女人，不管你心里有什么样的想法和念头，都可以及时告诉她们，和她们一起来商量对策。毕竟她们是旁观者，比你更清醒，或许能给你一个切实可行的办法，即使不能，也会替你分担痛苦。所以，对于女人来说，要心里有你的闺蜜，不管发生什么事情，要记得找她们。

4. 不要担心她们会反感

既然是你的闺蜜，是你的贴心朋友，那么她们就能把你所有的事情当做她自己的事情来处理和看待。所以，完全没有必要担心她们会不会愿意听你的倾诉，听你的唠叨。你不必要想那么多，尽管去找她们，谁让她们是你的闺蜜呢？因此，遇到事情之后，作为女人，没有必要顾虑那么多，完全可以坦诚地与闺蜜分享你的一切。

❋ 善挖贵人，铺设自己的坦荡前途

生活中，很多事情我们做起来可能感觉到很难，甚至是不可能的，可是对于有的人来说不过举手之劳。如果能得到他们的帮助，这些本不可能的事情对于我们来说也会变得简单很多。他们就是我们生命中的贵人，得到他们的帮助，我们的前途事业想有所作为，或许就会有捷径可走。对于女人来说，关键在于如何从身边发现他们。

薛娜是某著名大学艺术系绘画专业的高材生，大学毕业之后，怀揣着梦想来到了成都，想要做一名画家，办自己的画室。

可是她心里清楚，自己没有任何的名气，要想迅速在这一行里走红，提升自己，唯一的一条路就是借名人的东风。

可是转念一想，自己大学刚刚毕业，认识的人也就那么几个，到哪里去拓展自己的人脉圈子呢？别说自己现在还不知道，知道了也不认识啊，如何能与他们建立关系呢？

正当薛娜一筹莫展的时候，突然，她想到了自己大学的导师王教授，王教授也是国内著名的学者，他对美学有深刻的研究。"王教授是著名的学者，自然也会认识一些国内外著名的画家。"想到这里，薛娜急忙给远在北京的导师打了个电话。

真让薛娜猜中了，王教授果然认识很多国内外著名的画家。薛娜把自己的想法和王教授说了以后，王教授有些犹豫，但是他也清楚，如果能让自己的学生在这一行有一番作为，也是一件好事。

于是在王教授的举荐下，薛娜不远万里去新加坡找到了著名画家斯坦卡。由于有王教授的这层关系，斯坦卡答应了做薛娜画展的名誉顾问，并答应薛娜，在她画室开业的那一天，亲自去为她捧场。

薛娜的画室很快就筹办起来。在开业的那天，斯坦卡的到来让薛娜倍感光彩，由于有大师的亮场，薛娜的画很快在艺术界有了一定知名度。

故事中的薛娜初出茅庐，要想在艺术界有所作为非常难，可是她从导师那里挖掘了自己的贵人斯坦卡。在他的帮助之下，薛娜取得了很大的成功，如果没有这位贵人，或许薛娜永远只能是默默无闻地努力。可见，一个人想要在事业上取得成就，光靠自己的努力是不行的，关键时候还得找到那个贵人，寻求他们的帮助。那么，作为女人，如何才能发现和挖掘你的贵人呢？

1. 在亲戚朋友中寻觅

一般情况下，我们的亲戚和朋友都是和我们关系非常近的人，如果我们想要发现贵人，那么不妨从他们中间去找，他们也是最有可能帮助你的人。所以，对于女人来说，一定要记得在你的亲戚朋友中寻找你生命中的贵人，如果你不去寻找，自然不知道究竟谁会帮助你，谁的帮助能力有多大。

2. 利用父辈关系去找

对于年轻人来说，毕竟结交的人少，社会关系薄弱，要想找到一个对自己的前途和事业有帮助的人还真有点困难。那么不妨利用父辈的人脉关系，父辈比我们经历的事情多，结交的人也比较广，在他们中间寻找，更能找到我们的贵人。

3. 锁定贵人寻找关系

有时候我们盲目地找贵人，相对来说比较困难，因为你的一生不可能只遇到一件事，你的贵人并非只有一个人，有时候找了也未必能帮上你的忙。这时候，作为女人，就需要锁定贵人，然后再寻找关系。可能你觉得和贵人没有任何联系，但是你的亲戚朋友，以及亲戚朋友的亲戚朋友，说不定就会拉上联系。

4. 多留意你身边的人

生活中，往往对我们的前途和事业有帮助的贵人就在我们的身边，我们却苦苦寻觅不得。所以，对于女人来说，与其四处打听寻觅贵人，不妨多留意你身边的人，说不定你觉得不起眼的那个谁就能实实在在地帮助你，就是你苦苦寻找的那个贵人。

5. 在老师和领导中找

通常，我们遇到问题总是习惯找领导、找上级，因此，作为女人，这时候你也千万别忽略了你的老领导和老师。他们在社会上行走的时间比你长，结交的人脉自然比你广。像故事中的薛娜就在自己的导师那里寻找并拓展了人脉关系，结果对她的前途影响巨大。所以，对于女人来说，更要仔细一些，时刻记着领导和老师这些曾经的上级。

❀ 学会施予人情，让他人感恩于你

我们在生活中如果欠了别人的人情，总会想办法去偿还，如果还不上，在和对方相处的过程中，也总会礼让着对方。同样，女人在社交的时候，也不妨给别人卖个人情，让他人内心之中感激于你，从而在相处的过程中，你就会掌握主动权。

刘涌平日里对待朋友和同事们都特别好，所以大伙有什么事情都会来找她帮忙。这天，她突然接到了一个陌生人的电话，电话那头是一个女孩急促的声音，刘涌接了电话半天没弄明白对方究竟是谁。后来在女孩的一再解释下才明白，原来是和她住一个单元的邻居，叫小婉。

小婉焦急地说："刘涌姐，我现在急需要你的帮助。"

刘涌急忙说："怎么了？"

小婉说："我早上带弟弟出来玩，结果没看好他，他在荡秋千的时候掉了下来。在周围好心人的帮助下，弟弟被送到了医院，医生让尽快交钱，可我一下拿不出这么多钱，怎么办啊？"说着，小婉在电话那头哭了起来。

刘涌急忙说："小婉，你给你爸爸妈妈打电话了吗？"

小婉哽咽着说："爸爸上周就出差了，不在身边，妈妈的手机打不通，怎么办啊，我快急死了！"

刘涌说："那你在什么地方，需要多少钱？"

小婉说："我在市儿童医院里，医生说住院费和手术费要3000元呢。"

刘涌说："好，你别着急，我现在就过去。"

半个小时之后，刘涌带着钱赶到了儿童医院。一见到刘涌，小婉立即"哇"的一声哭了出来。

那天，要不是刘涌的及时出现，小婉还真不知道究竟该怎么办了。

从那以后，小婉对刘涌特别好，时不时邀请她到家里做客，刘涌的热心帮助让小婉感激不尽。

故事中的刘涌在小婉出现困难的时候，及时给予了帮助，从而让小婉感恩于她，主动向她表示友好。可见，作为女人，在与人社交的时候，学会帮助别人，把人情卖给对方，这样，你无疑在交往的过程中占据了绝对的主动。那么，对于女人来说，如何做到施予人情，让别人感恩于你呢？

1. 不妨主动去帮助别人

在你身边的人遇到困难，陷入窘境的时候，作为女人，你如果主动去帮助他，那么无疑对方内心中欠了你的个大人情，必将感恩与你，并且会寻找机会来把这个人情还上，这样，无形之中你又多了一个忠实的朋友。因此，对于女人来说，主动热情地去帮助别人，是获得人脉的好办法。

2. 不要拒绝他人的求助

当有人向你求助的时候，不要随便拒绝对方。因为如果他不是真的遇到了困难，是不会向你求助的。谁又希望自己是个弱者，去求得别人的帮助呢？如果你能帮助他却不愿意伸出援手，那么你将失去一个结交人脉的好机会。因此，对于女人来说，不要随便去拒绝别人的求助。

3. 理解对方，急别人所急

我们知道，有时候我们的亲戚和朋友遇到困难需要帮助的时候，我们却束手无策，无能为力。这时候千万别不管不问，你要积极关心他们，让对方感受到你的急切心情。这样，尽管你实质上并没有帮助到别人，但是却因为你能理解别人的这份心情，能急对方所急，对方也会认为你是他的朋友。

4. 积极行动帮人解决问题

如果别人遇到的困难你没有办法解决，那么除了表达你的关心和焦虑之外，作为女人，还要把别人的事情当做你自己的事情来积极寻求解决问题的办法。这样，不管能不能解决掉问题，至少让别人觉得你已经尽心尽力了，这份情谊自然会留在对方的心里。

❋ 女性社交秘籍，你不可不知

生活中，女性参加社交的机会越来越多了。但是作为女人，你不可能像男人那样豪爽和洒脱，你要在大方的同时，还要保持矜持；在向别人表达友好亲近的同时，还要保持好距离，以免让别人觉得你轻浮而给你带来不必要的麻烦。因此，作为女人，在社交当中，要懂一些必备的常识，既获取别人的信任，又保护好自己的安全。

谢婷结婚已经有整整三年了，并且有了一个非常可爱的儿子，而且她和老公的感情也是非常好。在工作中，单位里有个男同事叫做华子，和谢婷很能聊得来，平时工作不忙的时候，他们经常一起聊天。

但是，谢婷是个聪明的女人，尽管她和华子只是普通朋友，但是，她和华子在一起聊天的时候，总要有同事在场，或者是下午下班的时候，如果华子来和她一起走，她总要拉着别的同事在场。

所以，好几次，谢婷的老公前来接她的时候，看到她和华子在聊天并没有多想，因为谢婷和另一个女孩在一起。也正是因为她注意和男士之间的交往，所以从来没有出现过任何问题。

这天下午，华子给谢婷打电话，约她一起吃饭，因为这天是华子的生日。她和华子的关系非常好，这时候不去肯定不合适，但是她知道华子不会再叫别人，于是她说："我能不能带个朋友一起过去啊？"

华子疑惑地问："怎么了，怕我对你有企图啊？"

谢婷假装不懂地说："什么企图啊？难道你打算勾引良家妇女？"说完，哈哈大笑了起来。

华子笑着说："拉倒吧，你还良家妇女呢，怎么看都不像啊！"

谢婷说："行，今天顺便给你介绍个对象，大美女，保准你见了口水流上满桌子。"

华子开玩笑地说："我虽然好色，但是也没有猥琐到那个德性上啊。"

……

当晚他们一边吃饭，一边聊天，其间华子邀请她们喝酒，被她们婉言谢绝了。到了晚上十点钟的时候，谢婷开玩笑地说："哥哥，我得回去了，再不回去就要被我们家那口子讨伐了。"

华子说："还没有玩高兴呢，就这么走了？"

谢婷笑着说："那你还想怎么地，要想表白的话等我上班吧，那时候有的是机会。"

华子说："赶紧走吧，你们家的老公正在恭迎大驾呢，我可不敢争宠。"

故事里的谢婷在和华子的交往当中，说一些不着调的话，开一些无伤大雅的玩笑，随意而轻松，让双方的心里都不会有压力，而保持着这份简单的友情。当然，谢婷也还是注意到了一些细节问题，这也让华子保持了他和谢婷之间的朋友距离。可见，女性在社交的时候，只要多注意，完全可以和异性之间和睦相处，即使你有了家室，也不会受到影响。那么，对于已婚女人来说，跟异性交往要注意哪些社交的禁忌呢？

1. 不要随便和男性单独相处

对于女人来说，既然你结婚了，那么就意味着你的心是有所属的，除了你老公之外，一般不要随便和别的男士单独相处，以免造成不必要的误会和麻烦。即使男人对你有意思，也没有机会对你表白，或者碰触你的身体；如果有话要谈，一定要在公共场合，或者是在第三者的视线之内。

2. 和男士出去要带第三个人

女人结了婚，并不代表没有和异性交往的权利，因此，晚上和异性朋友出去吃饭或者玩也是正常的事情，但是出去的时候一定要带上第三个人。当然这第三人一定要是你熟悉的，避免对方对你有想法，或者是伙同他人对你有企图，从而威胁到你的安全。害人之心不可有，防人之心不可无。

3. 晚上一定要按时回家

即使和异性出去了，晚上不管在哪里一定要赶回家。这不仅是对你自己的安全负责，也是对你的另一半负责，以免给自己带来危险，并避免丈夫的猜忌。当然，回家的时间不能太晚，一般不要迟过十点，因为十点就已经是深夜了，街上的行人少了下来，你在外面的危险度会增大很多。

4. 在家的时候慎接男士电话

在家里，如果有丈夫和第三者在场的话，最好不要接异性朋友的电话，当然工作上的事情除外。即使接了也不要去聊天，否则是对你丈夫和别人的不尊重。如果有必要完全可以把你的异性朋友告诉你的丈夫，把你们交往的事情也跟他聊聊。如果你的丈夫足够爱你的话，并不会阻止你接触异性。

❀ 与人往来要学会看人品

对于女人来说，与人结交的时候要学会看人品。如果结交了一个人品恶劣的人，则会给你带来无尽的麻烦和痛苦，相反，如果你结交的朋友是个人品极佳的人，你则会从他的身上学习到很多东西。因此，对于一个女人来说，在结交朋友的时候，应多了解和观察，结交那些品行兼优的人，远离道德败坏者。

今年已经28岁大龄的画眉还没有男朋友，因此亲戚朋友都在积极地为她张罗着，可是画眉是个要求非常高的人，她觉得婚姻是一辈子的大事，是绝对不能马虎的。这天，在父母的引荐下，她结识了和她同岁的马斌。

说实话，画眉对马斌并没有好感，但是也不讨厌，她想试着接触一下再做决定，于是两人频繁地约会。两个多月的时间过去了，马斌给她留下的印象还不错，接下来便商量着谈婚论嫁了。

可是就在画眉积极为自己张罗婚事的时候，却意外地发现了马斌的一个大秘密。那天，她和从小玩到大的姐妹一起去吃饭，却在角落里看到了马斌和另外一个女人正在谈笑风生，偶尔还打情骂俏。当看到这一幕的时候，画眉惊呆了。她半天说不出话来。就在这个时候，坐在角落里的马斌一抬头看到了她。

马斌急忙站起来，走到画眉面前，尴尬地解释说："她，她是我前女朋友，刚从外地回来，下午无意中碰上的。"画眉没有说话，只是盯着马斌的眼睛看。马斌心里有鬼，躲闪着不敢看画眉。这时候，和马斌一起吃饭的女人走了过来，喊道："亲爱的，这位是谁啊？怎么不介绍一下呢？"

画眉狠狠地抽了马斌一个耳光，然后头也不转地走了。尽管后来马斌找了很多次画眉，也给她做了诚挚的道歉，可是对于画眉来说，马斌已经背叛了他们之间的感情，她是无论如何也不可能和这样一个道貌岸然的伪君子结婚，并一起生活的。

故事中的画眉在和马斌接触之前，对他了解并不多，后来在和马斌的分手风波中，清楚地看到了马斌的为人。可见，女孩子在结交朋友的时候，要多看对方的人品，人品好的，才会和谐地处理周围的人际关系。那么，作为女人，要如何看一个人的人品呢？

1. 看他如何对待金钱和人情

一般情况下，我们都知道人品正直、道德高尚的人在面对金钱和友情的时候，往往不会为了金钱而去出卖和伤害朋友，他们更加在乎人与人之间的这份情谊。相反，品行恶劣、道德败坏的人则见利忘义，眼里只存金钱，没有人情。所以，作为女人，要想清楚地知道对方的人品，那么不妨观察一下他对待朋友和金钱的关系就可以略知一二。

2. 看他如何处理和别人的矛盾

人品正直的人在和别人发生矛盾之后，往往会寻找正常而有效的途径来解决纷争，即使别人犯了错误伤害了他，也会给别人悔过改正的机会。相反，品性恶劣的人往往会采取打击的方式来报复别人。作为女人，在和别人交往之前，一定要多观察和了解对方是如何处理与别人的矛盾和纠纷的，以此来判断和辨析对方的人品。

3. 看他如何对待与己有恩的人

通常，一个正直的人对待与自己有恩的人会心存感激，觉得对方帮助了自己，让自己得到了发展或者是避免了危险，寻找机会回报对方。相反，品行恶劣的人则没有感恩之心，他们还会觉得别人没用更大的力来帮助他，反而恩将仇报，伤害与他有恩的人。所以，对于女人来说，在与人结交的时候，不妨看他如何对待他的恩人。

4. 要观察他对弱势群体的态度

生活中，那些品性好、有道德的人往往都很有爱心，对待社会上的弱势群体比较关爱，比如他们会善待老人孩子以及女人。相反，那些品性恶劣的人则对弱势群体持有鄙视的态度，甚至有些人会动手打女人。作为女性，在与人结交的时候，一定要多注意，观察他们是否有爱心。

❀ 关注人脉网中不可或缺的人

生活中，往往很多的人脉是经过别人的介绍和认识而结交的，在关注和珍惜这些人脉的同时，也要关注这些介绍人、因为他们直接影响着你的人脉能否正常地相处下去。如果你得罪或者忽略了他们，那么意味着他所介绍和引荐的人脉也会受到影响。因此，作为女人，一定要留意这一点，在关注和留意你的人脉时，也要和这些介绍人脉的人搞好关系。

怀霞大学毕业之后，一直没有找到对口的工作，后来她选择了一家不错的白酒生产企业，做起了销售员。这天，她又去一家五星级的酒店拜访，希望他们能用她的白酒，可是，酒店经理说他们已经有合作的企业了。怀霞垂头丧气地准备转身离开，就在这个时候，经理说："等一下。"

怀霞转过头来，望着经理，猜想他是否改变了主意。

酒店经理说："我看你也挺不容易的，这样吧，我给你介绍个客户，或许他们需要酒。"

怀霞脸上露出了惊喜的神情，问："真的吗？"

酒店经理笑着说："当然是真的了，我有必要骗你吗？"

说着，经理从兜里掏出来一张名片，递给了怀霞。怀霞低头看了一眼，名片上赫然印着一行醒目的大字：××饭店总经理王军。

经理说："这个王军和我是很多年的老朋友了，你找他的时候就说是我介绍的，我姓杨。"

怀霞弯腰深深地鞠了个躬，感激地说："谢谢您，杨经理，真是太谢谢您了。"

这天下午，怀霞找到王军，说明了自己的来意。一听说是杨经理介绍的，王军立即变得热情了很多，他一边让座，一边询问相关情况，当天他们并没有聊有关合作的事情。

交谈了几次，怀霞确信已经和王总经理建立了相互间的信任，两人也渐渐地变成了朋友。当怀霞谈及单位用酒的事情时，王总经理一口答应下来，以后饭店的主要供酒由怀霞所在的公司来做。

在和怀霞的接触当中，王总经理还给她介绍了更多的客户，因此怀霞的业务越做越顺畅，越做越轻松。这一切，都与酒店的杨经理有着千丝万缕的关系，这一点，怀霞始终没有忘记。

这天，她带着厚礼来到了杨经理的家里，真诚地表达了感谢。此后，杨经理又给怀霞介绍了很多大客户。

故事中的怀霞之所以能和王总经理取得联系，建立信任，并最终取得了合作，得益于酒店杨经理的热情帮助。这一点，怀霞一直没有忘记，在适当的时候及时表达了自己的感谢。试想，如果怀霞忽略了这一点，那么杨经理不但不会再给她介绍客户，还有可能在王总经理面前说她的坏话，影响她的人脉。可见，我们在关注和建设人脉的时候，千万别忽略了那些我们人脉关系中不可或缺的人。那么，对于女人来说，如何做到这一点呢？

1. 及时把你的感谢表达出来

很多时候，我们并不认识一些对我们来说至关重要的人，但是并不代表别人也不认识，所以，当别人得知了你的情况后，主动给予你帮助，给你介绍人脉，至少说明对方很喜欢你，或者是有利益所图，或者是朋友之间关系好，愿意帮助你。不管是哪种情况，作为女人，都要真诚地把你的感谢表达出来，让别人感受到你发自内心的感激，并确信你是个知恩图报的人。

2. 及时给他们打电话汇报情况

当别人给你介绍了人脉关系之后，具体联系得怎么样，要打个电话给对方适当地说一说。如果你和他所介绍的人脉没有取得良性的沟通，那么不妨再次诚恳地请求对方帮助你。如果建立了良好的沟通，那么也要再次表达感谢。这样，让别人觉得你很在乎他，很尊重他，很感激他。对于女人来说，这一点一定要注意。

3. 以实际行动表达感激之情

不管是朋友还是陌生的人为你介绍了人脉，你及时表达感激之情是必要的。但是感谢不能只停留在嘴巴上，要不然别人会觉得你的心不诚，继而对你有想法。所以，作为女人，你一定要明白，在感谢别人的时候，一定要有物质上的回报，别被对方的拒绝蒙蔽了双眼，其实对方内心之中特别渴望得到实在的感谢。

4. 过年过节要亲自上门去拜访

既然对方为你介绍了人脉，那么对于你的发展可以说是个巨大的帮助。那么除了表达感谢之外，还要把你的情意表达出来。在过年过节的时候，不妨亲自登门拜访，送去你的祝福和表达情意。时间久了，对方便成为了你的朋友，你将得到更多的帮助也就是理所当然的事情了。

❋ 切莫人走茶凉，学会珍惜点滴人情

有句话说"天下没有不散之筵席"，生活中我们总是在和很多人分分离离。有些人分开了，彼此之间还经常联系，把这份情谊延续下去，而有些人离开了便像从人间蒸发了一样，人与人之间的情谊也就没有了。

殊不知，你不再联系的某个故人，也许某一天你却需要他的帮助了，这时候你怎么办？如果你经常保持联系，或许对方会帮助你，如果你没有人情味，对方自然也懒得跟你讲感情。所以，切莫人走茶凉，要学会珍惜点点滴滴的人情。

杨艳是一家文化公司里的责任编辑，和同事们的关系非常好，后来她到了一家更大的文化企业去发展，同事们依依不舍地为她送别。

分开后，杨艳从来没有跟同事们打过电话，有时候同事们打过来，她也是随便聊两句便找各种理由挂了；即使在网上碰到，她也很少跟他们说话。渐渐地，她和同事们之间也失去了联系。

这天，她所负责的一本书出了问题，有读者打电话投诉她。对方提出了要2万元钱的赔偿。可是对杨艳来说，一下子拿出2万多元钱确实有点困

难。于是她迅速地打电话向亲朋好友借钱。可是打了一大圈连一分钱也没借上。

万般无奈之际，她突然想起了以前的同事们。可是转念一想，自己从来也没有给他们打过电话，和他们的联系也中断很长时间了。开口问他们借钱合适吗？可是，也再没有别的办法可想了啊。想到这里，杨艳还是硬着头皮拨通了一个同事小莫的电话。

但是由于之前她从来没有主动和同事们联系过，所以小莫对她也渐渐地陌生了，接了电话都没有听出来是她。后来经过她的一再提醒，小莫才想起来，然而，对于小莫来说杨艳已经是一个和自己无关的陌生人了，怎么可能会答应去帮助她呢？杨艳这通电话的结果也可想而知了！

故事里的杨艳，在和同事们分开之后，把和同事们之间的这份情谊忘得一干二净。正是因为她不珍惜这份人情，所以日后当她出现了问题需要对方帮助的时候，被对方断然拒绝了。可见，人与人之间的情感是相互的，你不在乎别人的感情，别人也不会在乎你。事实上，别人尽管和你分开了，但是却还是你的人脉关系，你不和他们联系，无疑中失去了这份人脉。对于女人来说，如何才能珍惜别人的点滴人情呢？

1. 和别人经常保持联系

尽管彼此的分开是不得已的，但是作为女人，别忘了你们在一起相处过，你和对方有情感的联系。这种联系完全可以通过电话、短信以及网络得到延续，如果你心里真的在乎和别人的这份情谊，那么总会想办法和他们联系的。如果你总是不主动去联系，或者是别人联系你，你也去敷衍，很明显，你心里并不在乎别人，那么别人自然也不在乎你了。

2. 时不时地去聚会见面

尽管彼此分开了，可是并不是永别。所以，作为女人，如果你在意你以前的朋友或者是同事，那么除了保持联系之外，还应该时不时地见个面，让这份情谊得到延续。事实上，如果朋友之间时间久了不见面，这份情谊也会慢慢淡化。所以，作为女人，一定要记住，要和分开的同事或者是朋友经常见面，保持这份亲密的关系。

3. 过年过节送上祝福

过年过节的时候，我们都在不断地祝福和祈祷，希望我们身边的亲人和朋友能开心快乐。这时候，一定要记着那些和我们分开的人，要及时地把你的这份祝福送给他们，从而温暖他们的心。如果这时候你忘记了他们，那么会让他们觉得可能你根本不在乎他们，这样，他们内心之中对你的情感也会慢慢淡化。

4. 重要时刻一定要出现

在很多时候，比如说结婚等这些重要的时刻，我们都会邀请亲戚和朋友来一起参加。这时候，也别忘记了曾经和你在一起的同事或朋友，让他们感觉到你心里很在乎他们，把他们当朋友。如当时不方便，事后也要打电话告知对方。这样，你和他们的这份情谊也会延续下去。

第 **10** 章

婚恋情商：
让爱的味道越来越醇厚

有一句经典的话是这么说的："不爱的爱情永远不会变坏。"很多时候，女人在恋爱中越爱越觉得痛苦，在婚姻当中，越爱越觉得煎熬，于是很多人感叹：人生若只是初见。事实上，不是爱情越爱越坏，而是女人不懂得经营爱情，不懂得给爱情保鲜，慢慢失去了爱。这对于女人来说，比失去了她们的生命还要痛苦。那么，女人究竟如何让爱的味道越来越醇厚呢？适当懂得珍惜也许是个办法，那么究竟该如何珍惜呢？往往女人在迷惑当中会问这样的问题。那么这一章，我们正是要帮助你解决这个难题。

✽ 珍惜是让爱永恒之法

在茫茫人海中，能够相遇相爱就是一种缘分。如果男女双方都能好好地珍惜对方，那么这份情感才能长期存活下去。只要有一方稍微一怠慢，说不定就成了永远的遗憾。因此，对于女人来说，一定要珍惜认真对你付出的这个男人，只有你珍惜了男人，男人也会真心实意地待你，珍惜你的这份情谊。

慧珍和小海终于踏上了婚姻的红地毯。他们相处了整整五年，这一路走来，可以说坎坎坷坷，吵过架，分过手，可最终还是走到了一起。

他们是大学时的同学，慧珍是个品学兼优的好学生，而小海却对学习似乎没有多大的兴趣，整天想着如何赚钱。所以，当时的慧珍对小海并没有多少好感，可小海对慧珍却一往情深，对她的照顾可谓无微不至，慧珍对小海也渐渐地有了感情。

大学几年，他们也像别的情侣一样甜蜜和亲热。可是很快就到了毕业的时候，很多情侣都分手了，慧珍和小海也面临着这样的问题。小海是一个地道的北方人，而慧珍的家却在南方小镇上，他们也争取过，想要留在同一个城市，留住他们的爱情。最终因为家里和工作的关系，小海回到了北方的家乡，慧珍也回到了南方小镇。似乎这就是他们的情感归宿了。

分开之后，小海始终忘不了慧珍，常常给慧珍打电话、发短信，慧珍对小海也放不下，于是两个人就这样隔着几千里继续坚持着，为他们共同信仰的爱情而努力。一年过去了，两年过去了，他们谁也没有放弃。

可是，慧珍家里却一个劲逼慧珍相亲，这让远在北方的小海着急上火，他丢下了手头的工作，到南方寻找慧珍。尽管两人好不容易见了面，可是却依然遭到慧珍家里人的强烈反对，不是他们不喜欢小海，而是因为不希望慧珍嫁到那么远的地方去。

小海和慧珍深爱着对方，他们在慧珍的爸爸妈妈面前跪着，哭着哀求，希望父母能成全他们。父母起初不为所动，小海和慧珍整整跪了一天一夜，最终惠珍父母只好答应他们了。当他们得到父母应允的那一刻，两人抱在一起哭成了泪人儿。

婚礼是在教堂里举行的，当他们在牧师面前宣誓的时候，两人互相看着，流着眼泪一句一句说出对爱情的誓言。在场的很多人都被感动哭了，他们一路坚持着走了过来，终于得到他们应得的幸福。

故事中的小海和慧珍都深爱着对方，经历了一路的坎坷，一直坚持到了最后。如果这期间，他们中的任意一人怀疑了爱情，不珍惜另一方的感情，那么他们之间的情感或许早就崩塌了。正是因为他们之间彼此都很珍惜，所以一直咬牙坚持了下来。可见，在爱情的世界里，彼此珍惜才能让你们的感情更加稳固，才能让爱永恒。那么，作为女人，究竟如何做才算是珍惜呢？

1. 记住男人为你所做的一切

很多时候，男人在找到自己喜欢的女人的时候，往往会为她做很多的事情，真心实意的对她好，实实在在的照顾她，甚至为了让她幸福和快乐，宁愿自己忍受委屈。作为女人，一定要牢牢地记着这些，不要觉得男人对你好是应该的，这个世界上没有人必须死心塌地的爱着你。所以，记着别人的好就是珍惜这份感情，才能让爱永恒。

2. 不要随便伤害爱你人的心

男人爱着女人的时候，往往无怨无悔。这时候，作为一个女人，一定要珍惜男人的这份付出，不要随便去伤害这个爱你的人的心，只有你好好地珍惜他，才能温暖他。如果你总是不停地伤害他，那么等到有一天，他的心凉了，也就放弃你了。对于女人来说，被一个深爱自己的男人放弃是一件非常悲哀的事情，因为这辈子真正对你好的人也就那么几个。

3. 要对爱情有绝对化的信仰

生活中并非只有爱情，更多的是现实。如果你对爱情没有绝对的信仰，那么在现实的各种诱惑和压力之下，你根本坚持不下去，更别说珍惜和在乎你的爱人了。作为女人，能得到一个真正爱你的男人，就是世界上最大的财富，因为并不是每个女人都有这个选择权利的。所以，要对爱情有绝对化的信仰，这样你才能更好地珍惜你的男人。

4. 要懂得为你的男人付出爱

爱情是付出和索取，如果付出了得不到回报，那么就会对爱情产生怀疑，觉得自己是在折磨自己。所以，作为女人，你要明白，爱情是需要两个人来经营的，如果你只顾着索取，却从来不知道去付出，那么你们的感情迟早会走入绝境的。因此，作为一个聪明的女人，要懂得为你的男人付出，事实上，这也是在珍惜对方。

❉ 围城中的艺术女人不可不知

很多时候，人们都说，婚姻如围城，结婚了就走进了这个城堡。对于女人来说，走进了这个城堡就意味着要收心，要承当相应的责任。与城堡外的人以及与别的城堡内的人交往要懂一些艺术，同时，在与城堡内的人交往也要懂一些艺术，这就是说，在尽自己义务的同时，也要捍卫自己的权利。

对于美扬来说，现在的生活可谓是一团糟。按理说，结婚了，生活应该变得简单了，可是她这个婚结的却让她痛苦不堪，从一个漩涡里跳出来，却又陷入了另外一个漩涡。

结婚之前，美扬的追求者很多，但是她只对两个男人有好感，一个叫华子，是她的同事，平日里对她可谓关怀备至，而且又懂得浪漫，爱说甜言蜜语，跟他在一起，美扬非常开心，生活和工作中少了很多麻烦，多了很多的温情。

另一个男人叫孟楠，除了人长得比较帅气外，还有自己独立经营的一家公司，他对美扬也是情有独钟，经常带她出去旅游，而且还给她送了很多特别漂亮的礼物，这让美扬的虚荣心得到了极大的满足。

后来，孟楠在一次旅游的途中，向她求婚了。尽管她没有做出明确的答复，但是在孟楠拥抱和吻她的时候，她没有拒绝。于是在那次旅游途中，她把自己交付给了孟楠。旅游回来之后，他们便结婚了。

结婚后，她对华子的情感并没有放下，而且依然和华子保持着暧昧的关系，经常和华子约会，而且也没有拒绝和华子的拥抱接吻。一次，华子约她一起吃晚饭，那晚他们喝了很多的酒，她和华子也发生了关系。

第二天，美扬回到家中之后，孟楠跟她认真地交谈了一次。她对孟楠也比较坦诚，将发生的事情一五一十告诉了孟楠。孟楠非常痛苦，但是他还是深深爱着美扬，于是他表示，只要美扬跟华子断绝了关系，他就当什么事情也没有发生过，依然好好爱她。可是，整整一个礼拜过去了，美扬并没有给孟楠一个答复，而且和华子好几天晚上都在一起。

那一个礼拜，孟楠没有回家，他是想给美扬一个独立的空间，让她去思考和选择。由于心情郁闷，他和好朋友于娜一起去喝酒，谁知道，于娜一直很喜欢孟楠，在孟楠喝醉酒的时候，她把自己给了孟楠。

第二个礼拜，孟楠依旧没有回家。这时候，美扬不停给孟楠打电话，当她在孟楠的公司看到丈夫跟别的女人亲近之后，歇斯底里地扑上去，狠狠给了于娜两个耳光。从那之后，她每天去和华子约会，又去监视孟楠，她的生活彻底陷入痛苦的泥潭中。

故事中美扬结了婚，可是却不收心，跟华子的交往中出了问题，同时在处理与丈夫的关系的时候，又不懂得解决围城矛盾的艺术，极端的自私，终于导致了痛苦的结局。因此，对于女人来说，婚姻就是围城，在结婚之前一定要想清楚，既然要选择走进这个城堡，那么就要尽一定的责任，对婚姻负责，同时也要跟老公处理好关系，捍卫好自己的婚姻。如果婚外婚内的关系处理不好，那么只能是乱上加乱。那么，作为女人，如何来处理好婚内婚外的关系呢？

1. 结婚后要拒绝别的追求者

生活中，很多女人在结婚前有很多的追求者，甚至结婚的时候都不知道究竟该怎么选择，但是，既然你做了选择，结了婚，那么就要拒绝别的追求者。或许你还是很喜欢婚前的某个追求者，但是你要明白你的情感只能给你的丈夫。因为你入了围城，意味着你没有了别的选择，否则你伤害的是你老公，伤害的是你的婚姻，最终只能自食恶果。

2. 和异性交往保持距离

既然结婚了，那么就对你的老公有了责任，要对他的情感负责。如果你跟别的男人交往的时候，不注意保持距离，那么对你的老公来说，是一种不负责任。尽管你们之间可能只是朋友，可是却增大了你老公内心的不安全感，这对于你们的夫妻情感建设来说，无疑是个巨大的损害。因此，作为已婚女人，一定要注意这一点。

3. 跟老公保持好情感的沟通

你对老公有责任，同样，你的老公对你也有责任。平日里多和他进行情感的沟通，多交心，这样有利于帮助你的老公尽他应该尽的责任，捍卫好你的婚姻。如果平日里总是对他爱搭不理，或者不和他沟通交流，这样会让他们感觉到孤独，对你失去兴趣，对婚姻失去信心，很容易出问题。因此，对于已婚女人来说，一定要多关注老公的情感。

4. 要给老公一定的私人空间

在和老公进行沟通交流，加强情感建设的时候，也要给他们一定的私人空间，否则会把他们压得喘不过气来，让他们开始逃避你。这样，尽管对你来说，是在表达情感，但是你的爱却成为了老公的压力，就如同你手里抓一把沙子，越是捏得紧，沙子越会流走；越松开手，越能留住，是同样的道理。

❉ 多给你的老公一些面子

生活中，男人都希望自己的老婆顺从自己一些，尊重自己一些，尤其是在人多的时候。男人非常爱面子，不管回到家里后女人怎么折腾，但是在别人面前，一定要捍卫自己男人的尊严。所以，作为女人，一定要懂男人的这种心理，给足你老公面子，这样，你的老公才会觉得你善解人意，更爱你。

李霞是个非常要强的女人，她的能力很强，一个人做起了一家企业；相反，她的老公杨一却是个儒雅的书呆子，每天除了做学问之外，就是带带孩子，收拾屋子。所以李霞经常骂杨一是个十足的窝囊废。也难怪她会这么说，杨一一个月挣6000多元钱，尽管跟别的男人比起来也不少了，可是跟李霞每个月入账6万多元来说，就显得不足为道了，为此，杨一在李霞面前非常自卑。但是李霞是个非常聪明的女人，不管在家里她说话多么的刻薄，怎么样羞辱和嘲笑杨一，但是在外人面前，她却温顺的像个绵羊一样，总是小鸟依人地挽着杨一的胳膊，把杨一的面子给足了。

这天，李霞早早起来去上班去了。由于杨一晚上熬了夜，所以一大早他睡了个懒觉，谁知一觉睡到了12点，也没有去送孩子上学，直到李霞回家吃饭的时候，他才醒过来。

李霞回家后，见家里一塌糊涂，便开始不停地数落杨一，杨一抓紧时间收拾屋子。这时，门铃响了，李霞气呼呼地打开门一看，原来是隔壁的王阿姨，见开门的是李霞，她便笑呵呵地说："李霞在啊。"

李霞的脸上迅速布满了笑容，一边把王阿姨往屋里让，一边说："是啊，王阿姨请进。"说着赶紧着手收拾屋子，一边收拾，一边说："老公，我来收拾，你陪王阿姨聊会天儿。"

杨一转身来到了客厅，笑着对王阿姨说："王阿姨，最近忙吗？"

王阿姨笑着说："不忙，不忙，我一个老婆子一天有啥忙的。"

……

当杨一和王阿姨聊天的时候，李霞迅速地做好了饭，给杨一盛好后，放到了杨一的面前说："老公这是你的。"声音非常温柔，王阿姨笑着对杨一说："你看看你媳妇对你多好啊，你啊，可真是上辈子修来的福。"

这时，王阿姨起身说："行了，你们赶紧吃饭吧，我也得回去做饭了。"

等王阿姨走出门之后，李霞关上了门，生气地说："吃，你还好意思吃，你说说你一天到晚憋在家里，饭也不做，还得我跑回来给你做饭，太不像话了。"

杨一没有说话，低着头吃自己的饭。

故事里的李霞非常强势，总是在家里欺负老公，可是在外人面前，却表现的分外温柔体贴，给杨一把面子给足了。事实上，这样也让丈夫杨一觉得在外人面前脸上有光，觉得李霞善解人意。可见，男人都爱面子，都需要女人在别人面前尊重自己，即使在私下里怎么折腾，他们也不会计较，毕竟是自己的妻子，需要忍让，需要疼爱。那么，作为女人，如何才能给足你老公面子呢？

1. 在外人面前尊重老公的决定

对于女人来说，不管你在家里多么的称王称霸，但是在人多的时候，要尊重你老公的决定，即使你不同意，也不要当着别人的面表示反对，遇到大事的时候，要听听老公的建议。这样，让别人觉得你的老公在家里很有地位，因而尊重他。否则，你总是表现的过分强势，那么就会让你的老公黯然失色，连你都不尊重他，别人怎么会尊重他呢？

2. 人前不揭老公的短

两个人在一起生活的时间久了，你就会慢慢发现对方的很多缺点和毛病。对于一个聪明的女人来说，即使再不能容忍老公的缺点和毛病，也不要在人前说出来，如果你在别人面前揭发老公的缺点，则会让他颜面尽失。试想，当别人觉得你找了这么糟糕的一个老公的时候，你脸上很光彩吗？

3. 经常在别人面前夸奖赞扬他

在和朋友们一起聊天的时候，难免会提到彼此的家庭，对于一个女人来说，要记得在别人面前多夸奖和赞美你的老公，把他的形象塑造好，即使你再对他有意见、有想法，也要去夸奖和赞美他。你既然选择了他，那么他身上一定有吸引你的地方，一定有值得你欣赏和喜欢的东西，否则你就不会和他结婚了。

4. 在社交的时候表现出顺从他

作为女人，在参加朋友的聚会或者社交的时候，一个人去会让别人觉得你感情不好，家庭不和睦，因此，带着老公参加是避免不了的事情。在这种场合下，如果你足够的聪明，就要表现出对老公的顺从，这样会让你的老公非常有面子。否则，各种流言蜚语就会出来了，即使你们感情再好，也会受到一定的影响。

❋ 女人不能过分依赖男人

很多女人在结婚后，便放弃了自己的工作，留在家里做全职太太。当然这并没有什么不好，可是你没有了工作，经济上不能独立，便要依靠男人。这样，时间一久，就会让你老公觉得你是个包袱，是他的压力。如果哪一天，你的男人对你不好了，你便失去了生存下去的能力，这对女人来说是非常危险的。

袁莉本来是一家医疗器械营销公司的营销主管，在工作当中，结识了她现在的老公邓亮，两人的感情发展很快，一年之后便走进了婚姻的殿堂。由于邓亮经营着自己的一家公司，所以他们并不缺钱，结婚后，袁莉便辞了职，做起了全职太太。

做起了全职太太之后，袁莉掌握了家里的财政大权。由于没有了工作，她收拾完屋子之后便是伺候老公，做饭洗衣服对于她来说并不是一件多么难的事情，家务忙完之后，她便没事可做，起初还约朋友逛街买衣服，可是朋友们都忙，袁莉一个人整天无所事事，备感无聊。

于是她就拿钱来出气，老公每个月给的家庭支出，被她早早就挥霍一空了。不是到处去旅游，就是参加社会上一些烧钱的社团，慢慢家务也懒得做了，对邓亮的照顾也大不如以前。衣服没人给洗，就连做饭也省了，邓亮抱怨的时候，她就去买一大堆新衣服回来，或者是去餐厅里吃饭。

由于家里的开支越来越大，严重影响了公司的经营，后来邓亮逐渐减少给袁莉的花销，这下可惹恼了袁莉，又是哭又是闹，可是邓亮的态度非常坚决，他可不想把公司毁在这个败家女人手里。得不到满足的袁莉便恼羞成怒，和邓亮一次又一次地争吵，渐渐地，邓亮的心凉了。

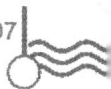

一次，袁莉又向邓亮要钱花，遭到邓亮的拒绝之后，袁莉又开始哭闹，邓亮非常生气，将她狠狠揍了一顿。从那之后，邓亮的脾气越来越坏，只要看她不顺眼，就拳打脚踢。很多次，袁莉想离婚，可是现在的她过惯了养尊处优的生活，离了婚她该怎么办啊。每当她想到这里的时候，便打消了离婚的念头，继续维持已经不再和谐的生活。

故事中的袁莉，由于结婚后做起了全职太太，经济上完全依赖丈夫，她的过度挥霍让丈夫厌恶，最终因为钱的问题，夫妻间的感情荡然无存。可见，作为女人，要想活的有尊严，那么就千万不要过度依赖男人，否则你得到的只能是男人的轻视。那么，作为女人来说，如何才能做到不过分的依赖男人呢？

1. 不要轻易为了婚姻放弃工作

很多女人觉得嫁了男人就找到了依靠，结婚后便辞去工作，专心致志伺候自己的老公。殊不知你没有了经济收入，便没有了人格平等，当你的需要很多都要由男人来为你掏腰包的时候，你们之间的地位便发生了倾斜，有时候男人给你的爱便会大打折扣。

2. 自己能做的事一定要自己做

很多女人结婚后，便觉得男人对她很好，很多自己能做的事情也要让男人去做，别忘了，男人娶你不是为了给你当老妈子，时间久了，谁都会烦。如果作为一个女人学不会独立，那么你的男人迟早有一天会累，当他累了不再对你言听计从之后，你们的感情也就越来越淡了。

3. 在婚姻中力求和男人平等些

在恋爱中讲求男女平等，同样在婚姻中也要讲究男女平等，平等的去承当家务，平等的去尽相应的责任。比如说你的老公在外面很苦很累，如果你的工作相对轻松，可以多承担家里的家务；你老公在你工作忙的时候也就会体谅你，多承担家务，这样，互相之间就得到了心理的平衡，互相关爱，互相体谅，培养和谐的婚姻生活。

4. 要有自己的朋友和社交圈子

很多女人结婚之后，便跟自己的朋友交往淡化了，把更多的注意力放在了自己的老公身上，投入到家庭的建设上。这样你的社交圈子就会慢慢缩小，你对老公的依赖程度便会不断地增大，伤心难过了需要老公陪，身体不舒服了也需要老公的照顾，这样，无形之中增加了老公的压力，如果你的老公有一天变了心，那么你的世界便会顷刻塌陷。因此，女人要建立自己的社交圈子，让生活重心平衡，才会令家庭更稳固。

❈ 婚姻生活中，学会踩刹车

结婚了之后，对于大多数的女人来说，对老公情感的投入便会增加了很多，可是任何事情都要有个度，如果你对婚姻中倾注的情感过重，那么你给你老公的压力便会增加，因为你投入过多，便会对对方的要求也会增大，这样无形之中增加了婚姻的危险程度。

爱美是个非常开朗的女孩子，不但人长得漂亮，而且非常善良，因此身边的朋友非常多。可是，往往善良的女人在感情上总是很受伤，当她准备和谈了五年的男朋友结婚的时候，对方却突然变心了，这让爱美有些接受不了，从那之后，她就不再相信爱情了。

过了两年，随着年龄的增大，婚姻大事成了必须解决的问题。于是在朋友的介绍下，她认识了现在成为老公的浩华。

很快他们就结婚了。结婚之后，爱美将更多的精力投入家庭中去了，她觉得有一个家，有一个老实本分的丈夫，她就很满足了。渐渐身边的很多朋友也不联系了，每天除了上班，就是操持家务，平日里几个闺蜜约着去聚会，她也很少去参加。

丈夫浩华是一个工厂的技术员，工资收入不算太高，但是每次发工资之后，都会如数交到爱美的手里。

可是，这样平静的日子过了刚刚半年，就出现了问题。那一段时间，浩华总是说要去加班，每天晚上回来都到深夜了，爱美不断地打电话过去，不是挂断就是没有信号，有的时候打的遍数多了，浩华的电话就关机了。

出于女人的敏感，爱美觉得浩华肯定有了问题。于是，这天晚上，浩华睡着后，她悄悄爬起来，掏出了浩华的手机，认真查看了起来，并没有发现任何蛛丝马迹。第二天下午，她再次去找浩华，等在大门口的不远处，一直等到了半夜12点，可愣是没见浩华的踪影，她内心的疑惑更重了。

于是她开始给浩华打电话，浩华接到她的电话后，非常着急，因为这天刚好他没有加班，而回家后又不见妻子，爱美没好意思说出自己的行踪。

第三天下午，爱美请了一天的假，一路跟着浩华去上班。白天在浩华所在的单位门口等了一天，下午下班后，浩华跟一个车间的女工一起走出了大门。这时候，爱美愤怒地扑上去，和那个女工扭打在一起，让一边的浩华非常的疑惑。

那一晚，他们第一次吵了一架，平静的生活就这样被打破了。

故事中的爱美由于生活比较单调，所以在丈夫的身上投入了过重的情感，结果将这份爱变成了怀疑和折磨，最终导致她做出了种种让丈夫伤心的举措。可见，女人在婚姻生活中，要学会在自己的情感上踩刹车，千万不要让你的爱成为老公的负担，继而影响你们的感情和婚姻。那么，作为女人，如何在自己的情感上踩刹车呢？

1. 将主要的精力投入到工作中去

很多女人结了婚之后，觉得自己的主要责任是照顾丈夫，操持家务，因此在工作上的用心程度大大降低了，而把更多的精力倾注到丈夫的身上。除了精心的准备饭菜，收拾屋子之外，便是不断打电话给丈夫，沟通情感。殊不知，男人在外面有自己的工作，承担着更重的家庭责任，越是被拒绝，女人越会变本加厉，往往让男人受不了。

2. 要培养自己的一些兴趣和爱好

结婚了之后，女人的生活慢慢会陷入单调，这让她们常常感觉到孤独和寂寞。如果自己的老公工作忙，或者应酬多，那么女人便不知道该如何打发自己的时间。这时候，作为女人，为了避免情感倾注到丈夫身上，不妨多培养一些兴趣和爱好，比如说健身，或者是社团的一些活动。这样，会让你的精力大大分散很多，你也就不会没完没了的骚扰你的老公。

3. 要有些自己的朋友和社交圈子

很多女人觉得，结了婚之后，婚前的生活便完全改变了，之前的朋友渐渐淡了，身边的圈子也渐渐小了，这样你的精力很容易聚集到你老公身上，从而对他提出更多的要求，比如几点必须进门，每天给你打几个电话，必须说几个"我爱你"，必须想你多少遍。男人有男人的工作，你这样要求他们，往往会增加他们的心理负担。

4. 要善于学会去经营自己的生活

婚后大把的业余时间，是女人最难熬的。因为无所事事，所以她们很容易把目光聚焦在丈夫的身上。往往这样，会让你的老公觉得你是在黏着他，贴着他，他对你的在乎程度便会大大地降低。不管是在恋爱中还是在婚姻中，男女之间就是一个弹簧，你太主动了，往往会压缩对方，如果你去经营和打理好自己的生活，那么毫无疑问，你的老公会黏着你。

❋ 女人只看拥有的，不看没有的

女人的虚荣心非常强，总是喜欢攀比，常常觉得生活中这个也没有，那个也没有，这样往往会影响你会婚姻的满足程度，甚至还会影响你们夫妻之间的感情。如果你足够聪明，多看看自己拥有的，你会发现其实你已经很富有了，你对你的老公，对你的婚姻的满足程度会大大增加。

美丽是上个月结婚的，丈夫刚子是一个外企的主管，刚刚结婚后不到半个月，刚子被派往了另外一个城市去做分部的经理。丈夫得到了升迁，美丽非常高兴，尽管是新婚燕尔，她还是满心欢喜地把丈夫送到了外地。

平日里下班后，美丽除了给老公打电话续相思之情外，便没别的事情可做，于是她又找了很多闺蜜，一起聊天，一起吃饭。一群结了婚的女人在一起，聊得最多的话题便是她们的老公了。

这天，她们又在一起闲聊，突然铃声大作，雯雯的电话响了起来。接通后，是她的老公打过来的，雯雯的老公在电话里温柔地问道："亲爱的，你在哪里啊，什么时候回来啊？"

两人越说越肉麻，这时候美丽在边上说："行了，行了，想亲热回去了再开始么，让人听着多肉麻啊！"

说着，几个姐妹们哄堂大笑了起来。

雯雯挂了电话，幸福地说："我老公每天都特别黏我，早晨送我到公司，下午按时来接，一天不停地打电话，烦死了。"说完，幸福地笑了起来。

这时候，小青也说："我老公也是，每天中午非要去找我，我就说嘛，一上午不见，有那么想嘛。"

慧慧说："我老公不会这么黏我，不过他倒是每天叮嘱我穿暖吃饱，尤其是他做得饭，那真是人间美味啊，每天换着法给我做好的，我真是上辈子修了哪门子的福啊。"说完，也笑了起来。

美丽越听越不舒服，想想自己，结婚刚刚半个月，刚子就去了外地，两个人几个月都见不上一面，每天晚上独守空房，结了婚跟没有结婚一样，没人疼，没人爱的。不要说做好吃的给自己了，每天连个电话也不打过来，都要自己打过去，她越想越不平衡。

第二天，她没有给刚子打电话。晚上12点了，刚子打了过来，美丽没好气地说："你还知道给我打个电话啊，我是你什么人啊。"

刚子不知道究竟发生了什么事情，焦急地问："怎么了啊？"

美丽冷冷地说："没怎么，你还有什么事吗？没事我挂电话了。"说完便挂了电话。

之后，刚子不断打过来，美丽索性关了机。

故事里的美丽在和姐妹们聊天的时候，听到她们在说老公对她们多么好，这让美丽联想到了自己，感到内心的不满足，继而在和老公刚子的相处中，开始不断地抱怨了。如果她看看刚子和姐妹们老公的成就，或许她就会得到心里的慰藉和满足。可见，作为女人，有虚荣心是可以理解的，但是如果你总是看到自己没有的，而忽略了自己拥有的，那么你的婚姻和情感势必要受到影响了。那么，作为女人，如何才能看到自己拥有的，而不去看自己没有的呢？

1. 不要和别人盲目的攀比

很多女人在一起，往往会互相的比较，以满足他们的虚荣心。有的女人在别人面前秀自己的感情，有的女人则是在秀自己的财富，作为女人，如果你足够聪明，就不要随便和别人去盲目的攀比。你要明白，任何人的婚姻都不可能一样，你有的别人未必有，你要发现自己的优势所在，这样你就不会去抱怨，不会伤害到你和老公的情感。

2. 要相信老公更要相信你自己

要相信自己，你的婚姻是世界上最幸福的，如果连你都感觉到不幸福，别人又怎么能觉得你幸福呢？事实上，幸福与否只有你自己知道，或许别人有的，你的老公给不了你，但是他能给你别人没有的东西。比如说，物质条件不大好，但是他却很爱很爱你；或者是不能每天陪你，但是他却能给你身份和荣耀等。

3. 一定要有一颗知足的心

任何时候，任何人的婚姻，都不可能是完美的。当然如果你有一颗知足的心的话，你就会觉得你的丈夫是最好的男人，你的婚姻是最完美的婚姻。如果你总是看到别人拥有的，而忽略了自己拥有的，那么你就会跟故事中的美丽一样，会对你的丈夫不满，会对你的婚姻不满，这样下来，自然会给你们的感情带来冲击。

4. 学会发现你的婚姻的美

任何人的婚姻都是不一样的。有的人可能物质条件很好，可是两人的感情却不怎么融洽；有些人可能事业发展不好，可是两人配合却非常默契。所以，作为女人，既然选择了这个男人，选择了这段婚姻，那么自然有你喜欢和欣赏的地方，那么，你不妨多去问问自己的心，你的婚姻中的美在哪里，这样你就不会抱怨了，而感到的是幸福。

❀ 聪明女人让自己的爱情永远保鲜

生活中，很多时候，我们总能听到一些结了婚的女人在抱怨，婚姻是爱情的坟墓。一旦结婚了，恋爱时的浪漫便会被油盐酱醋所取代，老公也

不像以前那么爱自己了，生活也渐渐平淡和乏味了。事实上，作为女人，如果你足够的聪明，你一样可以让你的老公时时想着你，念着你，一样可以让他黏着你，让你们之间的爱情永远保鲜。

在大学里，张婷和一个叫李泉的男孩相识相恋了。经过四年的大学生活，两个人的感情越来越好，毕业后，两个人工作稳定了，随后走进了婚姻的殿堂。婚后的生活总是甜如蜜，他们两个人有比较好的家庭背景，所以结婚后，就可以说是真正的小资了，有车有房的生活很符合张婷的品位。

结婚以后，张婷和李泉也一直都为对方留足够的个人空间，他们彼此从来都不干涉对方的生活。每到周末的时候，他们都会各自去参加自己朋友的聚会，不管玩到多晚回家，他们也都不会责怪彼此。

男人就是这样，你如果给他一点颜色，那他就会染满整片天空。李泉也不例外，他刚开始总是会比张婷回来得早，总是会煲好汤在家等待张婷，可是这样的日子并没有持续多久。

不久以后，李泉回来得越来越晚，而且有好多次都是喝得酩酊大醉。刚开始，张婷责备他的时候，李泉还总是承认自己的错误，可是到后来，不仅李泉不认错，有时候还会变本加厉。这样的状况下，李泉也就自然不会像以前那样关心和呵护张婷了。

张婷是很注重生活品质的女人，她又怎么会愿意接受李泉对自己的忽视呢？可是，即使张婷责备李泉，李泉当时会答应自己改正，说完话后就会忘得干干净净。张婷眼看李泉不知悔改，于是就决定换一种方法来教育李泉。

于是，在后来的几天里，张婷总是会有意无意的，在李泉的面前制造出一种自己有"外遇"的假象。有时候半夜睡觉的时候，张婷总是会故意躲在被窝里发短信，也总是会将自己手机中的短信和通话记录删除，还有的时候，如果自己的朋友给自己打电话，张婷也总是会躲在卧室里偷偷地接听。

这样的现象并没有持续多久，李泉就恢复了以前的样子，不管上班还是在外应酬，都总是会给张婷打电话，回家后，也会给张婷煲好粥，而这时候的张婷又感觉自己像是回到了谈恋爱的时候，那满脸的幸福不言而喻。

故事中的张婷感觉到结婚后丈夫李泉对自己越来越不重视了，于是采用制造一种自己有"外遇"的假象，以此来使李泉感受到了危机感。可见，男人之所以忽略女人，不是因为他们不爱你了，而是忽略了你，这时候，你要想办法再次引起他的重视，让你感受到爱情的甜蜜。那么，作为聪明的女人，如何让你的爱情永远保鲜呢？

1. 制造一些外遇的假象

很多男人觉得，把老婆娶回家了，心里也就放心了。时间久了，就会慢慢忽视了妻子，这让作为老婆的你无法忍受。很多女人在这个时候会和老公争吵，结果让对方更加对你不重视。作为一个聪明的女人，不妨在这时候制造一些外遇的假象，让你的老公感受到婚姻的危机。所谓"有危机感才会有重视度"，婚姻生活也是如此。

2. 要适当给予老公拒绝

有的女人觉得结了婚，两个人便成为一体了，于是做起了贤妻良母，什么事情都顺着老公，这样会让老公越来越不重视你的感受，进而忽略你。很多东西越得不到，越会激起他们的争取。同样，在婚姻生活中，女人适当的拒绝男人，则会激发男人去积极的争取。这样，他们也会越来越在乎你，越来越爱你。

3. 表现你对老公的忽略

结婚后，女人投入爱情和婚姻的精力往往要比男人多，她们总是做好了饭等老公，或者打电话嘘寒问暖，这样会宠坏了你的老公，造成了他们的惰性心理。作为一个聪明的女人，要适当表现出你对老公的忽略，比如不主动打电话，适当的时候不给他们洗衣服或者做饭，以此来表达你的不满。你会慢慢发现，当你退缩的时候，你的老公会主动的进攻，主动对你好。

4. 主动制造一些小浪漫

不可否认，男人的情感和女人比起来要平淡得多。即使你的老公很爱你，他们每天面对养家糊口的责任，也会感觉到累，进而忽略你。作为女人，要适当激发出男人对爱情和婚姻的热情，比如适当的做一次烛光晚餐，或者是准备好两张电影票，看一场浪漫的电影等。当男人的热情被你调动起来的时候，他们就会更加呵护你，更加爱你。

❉ 撒撒娇，学会爱情的甜言蜜语

很多人说男人的心很硬，其实不然，在面对他们爱的女人面前，他们的强硬只是装出来的，如果女人学会太极之术，完全可以适当地撒撒娇，以四两拨千斤之势让男人的心为你而融化。作为女人，如果你足够的聪明，那么千万不要和你的老公硬碰硬，你如果强硬，他们会比你更强硬，这时候，如果你撒娇示弱，男人往往会原谅你，更加疼你爱你的。

大夏和迦女是刚刚结婚的小两口，两人新婚燕尔，整天黏在一起。尽管两人的单位有一段距离，可是每天，大夏都会把迦女送到单位再去上班，下班的时候还会去接，两人时不时地还会来些浪漫。

这天下班后，迦女刚走出办公室，主管把她叫住了。原来她之前负责的一个策划案出了问题，需要尽快修改。于是迦女给大夏打了电话，让他稍等片刻。可是等她把案子做好之后，已经是晚上九点多了，这时候她才突然想起大夏还在等他，打电话没人接。

等她火急火燎赶回家里之后，发现大夏一个人静静坐在沙发上，神色沮丧。迦女走上前去，一个劲儿地赔礼道歉，使用各种办法哄他开心。虽然大夏说他并没有生气，迦女知道，大夏嘴上说原谅了，可是心里还是在怪罪她。

想到这里，迦女悄悄地坐到了大夏的身边，可怜兮兮地摇了摇大夏的胳膊，说："老公……"

大夏瞪了一眼，没有搭理她。

迦女向前蹭了蹭，撒娇说："老公……"不停地摇大夏的胳膊。

大夏望一眼迦女，转过头去不理睬，此时他的眼神已经由瞪变成了温柔的看。尽管他还没有完全原谅迦女，但是他的心已经完全柔化了。

迦女向前蹭了蹭，撒娇说："老公……"她还是不停地摇大夏的胳膊。

此时大夏心里的气已经全消了，他张开大嘴瞪着可怜兮兮的迦女说："你啊，我恨不得咬死你。"说完，摁住迦女挠起了痒痒。

迦女一边咯咯大笑，一边大声喊道："救命啊，非礼啊！"

两人嘻嘻哈哈打闹在一起了。

故事中的迦女，由于加班耽误了时间，忘了和大夏之间的约会，伤了大夏的心。这个时候，她用道歉已经不能获得大夏的原谅了，于是她采用撒娇的方式，柔化了大夏的心，让一段不愉快的别扭在她嗲声嗲气的撒娇声中，化为乌有，在两人的打闹中增进了感情。由此可见，适度的撒撒娇可以柔化对方的心，化解矛盾和隔阂，增进感情。那么，在用撒娇策略的时候要注意哪些方面的问题呢？

1. 撒娇时要把情感拿捏好

婚恋中的男女双方，利用撒娇的心理来俘获对方的内心时，一定要注意拿捏好情感。如果情绪不到位，而言语到位了，则会听起来滑稽可笑；反之言语不到位，情绪到位了一样起不到相应的效果。因此，作为一个聪明的女人，在撒娇的时候，一定要拿捏好情感，拿捏好语言，这样才能起到弱化对方内心的效果。

2. 女人撒娇不妨嗲声嗲气

很多女孩子善于撒娇，尤其是面对自己的男朋友或者是老公的时候，更是嗲声嗲气，这样往往能激起男人的同情心和保护欲，增进情感。因此，女人要想征服男人的心，就要在撒娇的时候嗲声嗲气一些，这样更能酥软男人那颗坚硬的心，即使再心硬的男人也经不住女人嗲声嗲气的撒娇。

3. 撒娇时表达千万勿过度

女人在撒娇的时候，往往会带一些表达，比如说摇人的胳膊，或者是不断地后退还带着哭的情绪等。但是在表达的时候，一定要把握好分寸，摇胳膊的时候，要摇一摇，听一听，用眼神去征求对方，再拉长声调喊着对方的名字，一般情况下，这时在乞求你的老公，即使你的老公心再硬，也经不住你几次的摇。

4. 撒娇时带点恭维和自贬

在撒娇的时候，不妨带点恭维，在恭维别人的时候再来些自贬，这样形成鲜明的对比，让对方觉得自己很强，而爱人很弱。这样，对方的同情心和保护欲就会被你成功的激发出来，你的撒娇也能真正的柔化对方的心。

第 11 章

快乐情商：
给自己一双发现快乐的眼睛

生活不是缺少快乐，而是缺少发现。很多女人觉得生活很不快乐，你是否想过，你用心去感悟过生活吗？你细心地去捕捉过快乐吗？你想快乐吗？如果你每天都生活在为自己设置的套子里，你感受到的自然是痛苦和折磨。所以，对于女人来说，要想开心快乐的生活，那么就要有一双发现快乐的眼睛。只要你愿意开心快乐了，那么你的生活自然会轻松很多的。那么，究竟如何做才能活得开心一些、快乐一些，不受痛苦的煎熬呢？如果你不清楚，可以参考本章中的建议。

❈ 快乐是心态好的女人的一种享受

对于女人来说，她们比男人更感性，所以更能感受到生活的喜怒哀乐，更能感触到原汁原味的生活。当然，生活本就是苦痛大于甘甜，但如果心态好，能正确的体会生活，感悟生活，那么你感受到的自然多是快乐，你的生活会充满阳光，处处留下开心的微笑。

明梅和男友爱辉认识整整八年了，在八年纪念日这天，他们去登记结婚了。可是，第二天，她和好朋友华宇在商场买东西的时候，却意外地看到爱辉和另外一个女孩挽着胳膊在逛商场。明梅走上前去，狠狠地抽了爱辉一记耳光，然后哭着跑回了家。

之后，明梅好像什么事情也没有发生过，依旧按时上下班。这天晚上，华宇来找明梅，看到她神采奕奕的样子，非常不解。于是悄悄把她拉到房间里说："你没事吧？你刚刚结婚的丈夫跟别的女人逛街，被你当场撞到，你竟然像什么事情也没有发生过？是悲伤过度还是失智了？太不正常了吧？"

明梅微笑着说："你觉得我应该有什么样的表现，哭着闹着抹脖子上吊？"

看着明梅一脸的无辜，华宇疑惑地说："至少也是件非常让人难受的事情，你为他付出了八年的青春，就这么过了一个晚上就忘得干干净净了，就什么也没有了？"

明梅拍了拍华宇的肩膀说："是啊，当天晚上回来之后，我也不相信这是真的。但是回头转念一想，我就感觉非常庆幸。好在现在还没有孩子，你说要是等我们有了孩子以后再发现，那岂不是更糟糕吗？所以我应该感到开心。"

听了明梅的话，华宇若有所思地点了点头，自言自语道："还真是这么回事，想想你还真是幸运的，还没有正式做他的妻子，否则你可真是跳进火坑里了。"

明梅笑着说："所以嘛，我为什么要悲痛欲绝，为什么要伤心难过呢？没有理由啊！"

华宇接着说："那你为他就白白的付出了吗？那可是女人最宝贵的八年时间啊。"

明梅叹了一口气说："那还能怎么办呢？付出的也已经付出了，伤心难过能再回到从前吗？不能吧。既然无法挽回，那么再浪费情绪就很没意思了。"

故事中的明敏看到刚刚登记的丈夫，和别的女人在一起，她并没有因此而感到伤心难过，而是觉得庆幸，觉得开心快乐。因为她觉得事情还没有到更糟糕的地步，相比之下还是幸运的。可见，在遭遇生活的酸甜苦辣的时候，心态好的女人往往看到的是好的一面，因而感觉到满足，感觉到快乐。那么，作为女人，如何让自己的心态好，享受生活的快乐呢？

1. 将生活的不幸当做是赏赐

通常很多人在遇到生活的不幸遭遇和打击之后，往往感觉到非常痛苦。这是因为人们内心的欲念没有得到满足，心理期待产生了落差。这时候，作为女人，如果你换个角度来想，为什么别人都得不到，只有你得到了呢？那是因为他们没有这个机会，而你却得到了。遭遇生活的不幸，会让你变得更加成熟和睿智。当你这么想的时候，你感受到的不再是痛苦，而是快乐。

2. 庆幸这不是最糟糕的境况

对于一个聪明的女人来说，在遭遇了生活的不幸时，不要只看到自己吃了多大的亏，损失了多少。你要想想更坏的情况，如果事情变得更坏，你会吃更大的亏，损失更多。这样，相比之下，你就会觉得自己非常庆幸，就如同故事中的明敏在登记后发现了丈夫的秘密，她没有悲伤，反而很开心，因为相比于有了孩子之后再发现丈夫的不忠，她觉得自己是幸运的。这样你感受到的不是痛苦，而是庆幸。

3. 想一想你还活着就是幸福

往往很多时候，我们觉得老天不公，命运坎坷，觉得自己遭受了这么多的苦痛和伤害之后，天都要塌下来了，似乎生活没有了指望。但是只要你想一想，你还活着不就是老天对你最大的眷顾吗？活着可以从头再来，如果你死了，不就什么都结束了吗？所以，作为女人，当你明白这个道理的时候，你就不会再感觉绝望了，也不会再抱怨了。

4. 明白生活因为苦痛才丰富

很多人觉得自己的日子真是太苦了，觉得命运开的玩笑确实太大了。但是，你想一想，如果生活中什么事情都一帆风顺，不再需要努力去争取什么，那么生活是不是也就变得乏味了呢？人不再去努力和奋斗，也不需要希望，那样，活着跟死了有什么区别呢？作为女人，当你想明白这一点的时候，你就不会因为遭遇生活的疼痛而感到伤心和难过了。

❋ 笑容是获取快乐的催化剂

通常，我们在开心快乐的时候，脸上便会有笑容。相反，如果你心情不好，努力让自己保持笑容，你会发现你慢慢地也会开心起来，可见，笑容是获得快乐的催化剂。因此，对于女人来说，当你心情不好的时候，当你郁闷难过的时候，不妨笑一笑，以此来慢慢调整情绪，从而获得快乐。

这天，王荣跟丈夫吵了一架，心情非常郁闷，一个人在街上溜达。突然，一个年轻的姑娘拍了一下她的肩膀，她扭头一看，觉得不认识。姑娘看着她一脸的茫然，哈哈大笑起来，一边笑，一边说："王姐，真的认不出我来了啊，我是琪琪啊。"

说实话，王荣还真没有想起来这个人是谁，但是看到对方在一个劲地冲自己笑，不好意思让她看到自己的尴尬，所以她也笑着说："噢，原来是你啊，真是太巧了，几年不见，变化可真大啊，我都差点认不出来了。"

琪琪笑着说："王姐真是贵人多忘事，前几天咱们还在一起培训呢，怎么今天就忘得一干二净了啊。"

听到这里，王荣心里"咯噔"一下，八成是对方认错人了，自己前几天还在外地出差呢，啥时候参加过培训啊？想到这里，她赶紧说道："是啊，人老了么，记性总是不好。"

琪琪说："哎哟，王姐，你可不老，你正是风华正茂呢，老啥啊。对了，王姐，我刚才给你打电话，怎么一直关机啊？幸好在这里碰到你了，要不然可真不好找你了。"

王荣笑着说："没有啊，我的手机一直在开着呢，怎么会关机呢？"

琪琪说："不是吧，难道我打错了，我再打一下。"

"还是关机啊，这究竟是怎么回事啊？"琪琪一脸迷惑地说。

王荣掏出手机，说："你看，一直没有反应吧。"

看到王荣的手机，琪琪疑惑地说："王姐，你换手机还换得真快啊，不会连号码也换了吧？"

王荣越听越糊涂，说："姑娘，你是不是认错人了啊？我的手机一直没有换过啊。你所认识的王姐叫什么名字啊？"

琪琪一听，认真地打量了一下王荣，不好意思地说："我的天哪，真认错了，她叫王雨，是我的上司。"说完后，一个劲地给王荣道歉呢。

王荣笑着说："没什么。"

当琪琪走后，王荣越想越好笑，一路上笑着回了家，心里的阴霾早就抛到九霄云外去了。当她把这个遭遇告诉丈夫之后，丈夫也哈哈大笑了起来，两口子笑得前仰后合，直不起腰来，刚刚吵架的不悦在笑声中烟消云散了。

故事中的王荣和丈夫吵架了之后，心情异常郁闷，在遭遇了琪琪的认错之后，她觉得非常可笑，在不断的偷笑中，心里的不悦早就消失了。当她笑着回到了家里之后，紧张的气氛也缓解了很多，可见，笑容能让你的心情迅速好转，能让你获得快乐。那么，作为女人，如何用笑容获得快乐呢？

1. 平日里时常提醒自己微笑

平日里要将微笑养成一种习惯，经常面带微笑则会让你的心情处于一种良好的愉悦状态，这样即使你遇到不开心的事情，出于习惯你也会微笑，你的心情也会慢慢地好起来。作为女人，如果你总是保持着微笑，那么你的形象和气质一定会比较好，因为你让别人觉得你很阳光，很开朗。

2. 不开心的时候调换心情让自己微笑

当一个人在不开心的时候，脸部的肌肉往往会比较僵硬，这时候你要想，让自己的心情好起来，那么不妨试看让自己笑出来。当你有了笑容之后，脸上的肌肉变得活跃，你的心情便会慢慢好起来。因此，作为女人，如果你心情郁闷和难过的时候，千万不要拉着脸，一定要记得强迫自己笑出来。

3. 与人社交的时候保持笑容

生活中，有人对你微笑的时候，你也会情不自禁地跟着他微笑，笑容会传染。所以，平日里和人交往的时候，要保持微笑，把你的快乐情绪传染给别人，反过来，别人的微笑也会让你的心情更好。这样，别人也会喜欢和你交往。所以，对于女人来说，在社交的时候，保持笑容，你会觉得非常开心的。

4. 让情绪投入到笑声中

通常，当一个人特别开心的时候，笑的就很畅怀，往往声音也大。同样，当你很想驱赶烦闷的时候，不妨尝试放声大笑，大笑的同时令压抑的情绪得到释放，并吸入更多氧气供应大脑，刺激神经中枢的兴奋度，从而在生理上为你制造了快乐的条件；另一方面生理影响了心理，更易于将情绪从低落带入平和。因此，不妨时常大笑令你处于快乐的状态之中。

✿ 快乐是向别人付出的收获

我们发现，当自己做了一件好事，帮助了别人之后，你会感觉到非常快乐，非常开心。相反，当你伤害了别人之后，你会觉得非常难过和自责。这是因为在你帮助了别人之后，你得到了自我的肯定和认可，所以你开心；同样，当你伤害了别人自后，被自己否定，你会难过和自责。从这个意义上，我们可以说：快乐是向别人付出的收获。

这天早晨，美霞起晚了，她迅速地洗漱之后，拿着妈妈给的早餐钱，连走带跑地出了家门。这个点儿只有一趟公交车经过，如果错过了，她便坐不上车去学校。当她跑过路角的一刹那，差点被绊倒，扭头一看，一个只有十二三岁的小男孩在寒风中瑟瑟发抖，他拿着一个破碗，声音微弱地说："姐姐，行行好吧，我很饿。"

美霞浑身像触了电一样，她毫不犹豫地把自己身上带的零花钱全部给了那个男孩，还把准备买复习资料的300元钱也塞到了男孩的衣兜里。看着小男孩冻的透红的脸，她把自己的围巾和帽子也给了男孩，转身离开了。就在她转身离开的一瞬间，她听到了小男孩发出的惊喜的喊叫声。

那一天，她没有赶上公交车。当她来到学校的时候，因为迟到被老师罚站到了门外，冻了一个早晨。但是美霞却非常开心，当她放学后回到家里的第一件事情就是把她所做的告诉了妈妈。

妈妈平日里对美霞管得很严，不让她随便花钱，所以，当美霞把这件事情说出来的时候还有点担心，但是她觉得她很开心，想和妈妈分享。

妈妈听了美霞的话后，并没有责怪她，而是笑着对她说："美霞，你真的长大了。"

爸爸听了说："美霞，你被老师罚站，一点也不后悔，不抱怨吗？"

美霞笑着说："不后悔。后悔什么呢？我觉得我做的是对的，如果我不帮助他，或许他要一早上，甚至一天都要挨饿的。他那么小，又穿得那么单薄，无家可归，他比我更需要那些钱。"

故事里的美霞因为帮助了小男孩，而被老师罚站了一个早上，尽管她没有得到任何的感谢和回报，可是她却非常开心，回到家里，就告诉了爸爸妈妈。可见，当一个人为别人付出了，帮助了别人之后，得到的是自我的肯定，是开心和快乐。那么，作为女人，如何去通过帮助别人获得快乐呢？

1. 不要去向别人索取回报

有些人在帮助了别人之后，便等着别人来给予自己回报。如果对方不回报，便觉得自己受了心理伤害，觉得当初不应该帮助别人。这样一来，就将你的付出严重地扭曲了，事实上，你也感受不到快乐。因此，对于女人来说，当你想要帮助别人的时候，不要去向别人索取回报，因为这样会让你自己觉得是在做交易。如果你是出于好心想帮助别人，这样你才能被自我认可，才会感受到那份发自心底的开心和快乐。

2. 不要等待别人来说谢谢

通常，我们帮助了别人，别人会表达感激之情，会说谢谢。因此，很多时候，我们在帮助了别人之后，会等着别人说谢谢，如果对方不说，那么就觉得对方不知道感恩，帮助他太不应该了。事实上，这与你当初想帮助别人的初衷背道而驰。因为对方需要帮助，所以你帮助了对方，你自己已经获得了自我的满足和肯定，获得了快乐。如果别人不说谢谢，就觉得不应该帮，那么你就要问问自己了，是不是为了让对方感激你你才帮助他的？

3. 不要计较你付出的多少

很多人在帮助别人的时候，往往会权衡利弊，如果不会给自己带来麻烦，造成损失，便会毫不犹豫地帮助别人；如果自己付出太多，便觉得吃了大亏，不愿意帮助别人。这样你同样不会快乐，因为在你的心里更多的是利益和得失，而不是一颗真诚的心。你不会被自己所肯定和认可，相反还会受到良心的谴责而痛苦和自责。因此，作为女人，在帮助别人的时候，在力所能及的前提下不必过分计较你付出了多少，你的目的是帮助别人，不是计较得失。

4. 要心甘情愿地去帮助人

如果你帮助别人不是心甘情愿的，那么你也不会快乐，相反感觉到非常的委屈。因为快乐是一种由心底发出的情绪，心里开心便会快乐，心里不开心自然不会快乐。你不是心甘情愿地向别人伸出援手，心里有怨气，当然感受不到快乐了。因此，作为女人，要明白，要想获得快乐，就要心甘情愿地去帮助别人，当然，你的帮助也要量力而行。

❋ 欲念会折断快乐的翅膀

生活中，人没有抱负往往会碌碌无为，但是如果你的抱负不切合实际，根本实现不了，那么就会成为折磨你的欲望，让你每天背着这样的压力而生活。你每天想的便是如何挖空心思来满足自己的欲望，试想，在这样的折磨之下，你怎么可能快乐呢？尤其是一些女人，常常为了满足一些欲望，把自己折磨的痛不欲生，事实上，容易满足的人会更快乐。

雯琦是一个非常能干的女孩，在大学期间是学生会主席，工作之后不但常常要加班到深夜，而且一个人还要做几个人的工作。因此，进入公司后的第二年便当上了销售经理，着实让很多人羡慕。

按理说刚刚毕业第二年能到这个位置，已经是相当不错了，可是雯琦还是在不久前辞了职。按照她的说法，她不想永远给别人打工，她要做自己的公司。于是在她辞职后的日子里，她便不断搜集各方面的信息，为自己创业做准备。

可是，创业并不是那么简单，尤其是对于她这样刚毕业没多久的大学生来说，更是难上加难。不但没有基础的创业资金，没有丰富的社会经验，更主要的是她连自己究竟要做哪一行都不知道。

就这样，辞职后，雯琦一方面积极筹集资金，一方面不断地到处跑着考察项目。后来，在一家网站上，看到加盟灯饰投资小，而且利润大，很适合自己做，于是将自己设法筹措来的5万元钱投了进去。

由于雯琦不懂门店销售，再加上她对灯饰的保养和安装懂得不多，开业没多久，生意就陷入了困境，供应商发过来的灯质量和款式有问题，根本卖不动，之前所做的所有承诺，都成了一纸空话。她的第一次创业就这么草草地收场了，这一次，她欠下了一大笔债，为此，雯琦压力倍增，整天垂头丧气。

尽管如此，雯琦依旧没有吸取足够的经验和教训，还想着要创业，要发展自己的事业。刚好这个时候，家里有了一笔拆迁款，于是雯琦愣是缠着父母拿出了10万元，在老家承包了几亩地，办起了乌鸡养殖。

可是她对养殖一窍不通，养殖场办起来不到三个月，再次陷入了危机。由于不懂防疫，眼看着马上要出笼的乌鸡成批地死去，雯琦却没有一点办法。这一次，她投入的10万元再次打了水漂。

从那以后，雯琦整天唉声叹气，阴沉着脸，之前那么阳光的一个女孩子，就因为想要当大老板的欲望太强，结果被欲望折磨的痛不欲生。她每天想着如何做自己的事业，如何赚钱，整整一年了，从来没有开心过。

故事中的雯琦是个能力很强的女孩子，她有很大的抱负，可是这个欲望太强，却成了她的包袱，因而常常不开心，不快乐。可见，对于女孩子来说，一定要抑制自己的欲望，健康的生活，否则，你将会被欲望所俘虏，失去快乐。那么，作为女人来说，如何抵制自己的欲望，让你的生活更加快乐一些，开心一些呢？

1. 要对自己有个清晰的认识

生活中，很多人对自己的认识不清晰，总觉得自己了不起，因而对自己提出了很高的要求，结果自己的能力有限，往往达不到预先的效果，他们因此对自己很失望，很不快乐。对于女人来说，不管做什么事情，都要对自己有个清晰的认识，给自己定的目标，是能够实现的，这样通过你的努力会有所收获，否则你只能在哀怨中对自己失去信心。

2. 抱负和理想务必切合实际

小时候我们谈到自己的理想的时候，往往说得越离谱，似乎越能表现你是个有前途的人。可是长大后，你才发现，很多事情并不是像自己想的那么回事情。因此，对于女孩子来说，给自己定目标的时候，一定要切合实际，千万不要天马行空，好高骛远，否则，你给自己背负了过于沉重的压力，你怎么会开心起来？要知道你已经不是抱着理想的小孩子，而是要通过自己的抱负来实现自身价值的成年人了。

3. 适当学会调整自己的心态

当遭遇失败和挫折之后，一定要调整自己的心态，千万不要在欲望的驱使下，不择手段地去走你不可能走的路。这样，不但你不会快乐，不会开心，甚至还会把你自己逼疯。对于女孩子来说，适当的调整自己的心态，对失败和挫折要有清晰的认识，如果你的想法是可以实现的，那么不妨通过加强努力实现。

4. 要适当向生活和自己妥协

尽管我们在祝愿别人的时候常常说"心想事成"，可是生活毕竟是生活，是不可能果真让你凡事心想事成的。所以，对于女孩子来说，如果你心里想的事情根本就没有办法实现，那么不妨适当地向生活妥协，向自己妥协。这样，你少了很多压力，便会多了几分轻松和快乐，否则，和生活较劲，最终输掉的还是你自己。

❈ 别让压力压走了快乐

我们经常听到这样一句话：有压力才会有动力。诚然，适当的压力可以激发斗志，但是如果压力过大，就会成为负担。当你被压力压的直不起腰来的时候，你得到的便不是动力，而是痛苦和煎熬，是灰心和绝望。对于女人来说，千万不要给自己过多的压力，否则你会失去快乐，不快乐的女人往往没有魅力。

小娜是汽车配件销售公司的销售员，她来到公司只有半年时间，但凭借着不断的努力，业务做的有声有色。上个月的评选中，被评为了第二名，距离第一名，也就是销售主管只差了10万元钱的回款。

按理说取得好成绩，她应该感到开心，可是在小娜的脸上却看不出一丁点快乐的表情，相反，她总是每天阴着脸，在拼命地做业务。她的目标是超过销售主管，拿到第一名。

可是，销售主管在这一个行业做了整整五年了，光老客户每个月走的货都有几十万，更别说主管还是非常努力，争取做到最好。可想而知，这对小娜的压力有多么大。由于小娜不断地开发新客户，在对一些老客户的维护上疏忽了很多，新客户没有增加，反倒丢了一些老客户，这让她的压力更大。

由于压力大，心情就不好。这样一来，在跟客户的沟通中便失去了耐性，好几次由于她的马虎给客户发错了货，结果被客户狠狠地骂了一顿，而小娜本身就接近崩溃的边缘，于是和客户争吵了起来。

为此，她又被公司的经理狠狠训了一顿，小娜彻底崩溃了，看着自己的工作越做越糟，自己越来越不开心，小娜陷入了深深的绝望当中。当她准备辞职的时候，销售主管找到了她，和她进行了一番深刻的交谈。

当小娜了解了销售主管的情况后，放弃了和她争夺第一名的念头。她顿时轻松了很多，露出了久违的笑容，感觉生活里有了阳光，心情也格外地舒畅。她没有再一味只知道去开发新客户，而是投入更多的精力去稳定老客户。

渐渐地，小娜的销售量又开始直线上升，现在的她不去和任何人攀比了，而是让自己每个月都进步，这是她的目标。

故事里的小娜因为得了第二名，于是便有了争夺第一名的想法，无形之中给自己背负了过重的压力。这种压力没有变成动力，却变成了她的负担，从而把她压得爬不起来，她不快乐，甚至是很痛苦。后来当她放下压力的时候，顿时觉得轻松了许多，露出了开心的微笑。可见，在给自己压力的时候一定要适当，千万不要让压力成为你的背负。那么，对于女人来说，如何杜绝让压力成为负担呢？

1. 给自己设定的目标要恰当

有压力才会有动力。适当的给自己一些压力可以激发你的潜力，但是在制定目标的时候，一定要清楚，你所设定的目标是能够通过努力实现的。如果你给自己制定的目标过大，给自己背负的压力过大，往往会挫伤你的积极心，让你对自己失去信心。因此，对于女人来说，在制定目标的时候也要量力而行，要把握好压力的度，千万别过了头。

2. 务必有实现目标的决心和毅力

如果给自己设定了一定的目标，而你却不去努力，即使你的目标不高，也会成为你的背负。因为你没有在进步，而是在退步。这样，本来不高的目标在你的眼里便会变得无限大，你的压力就会倍增，你就会不快乐，不开心。因此，对于女人来说，有了适当的压力，就要努力，将它变成动力，从而激发你的潜能。

3. 觉得压力太大时要及时的减压

如果你感觉到自己的压力过大的时候，可以适当降低目标，降低对自己的要求，从而减小压力，让自己开心一些，愉悦一些。如果你明知道自己背负不动，那么还要背负，最终就如同故事中的小娜一样被压得濒临崩溃。所以，对于女人来说，要学会给自己降低压力，学会把自己解放出来，享受快乐。

4. 要通过有效而适当的途径发泄

当你所背负的压力压得你喘不过气来的时候，要学会通过有效而适当的途径来发泄。比如适当地参加体育运动，缓解心里的压抑。作为女孩子，在排泄压力的时候，不妨找个人来倾诉，把你的内心的愁烦统统说出来也是一种很好的方式。

❋ 舍得放下才能懂得快乐真谛

很多时候，我们明知道一些东西是不可能得到的，但是却不肯放弃，非要去争取，去纠结，结果让自己被失败和绝望所俘获，痛苦不已。这时候，如果你能舍得放下，那么你便得到了解脱。作为女人，要懂得放下，才能获得心灵的救赎，才能获得真正的快乐。而这一切的关键就在于，你是否舍得放下？

爱爱和斌军是大学时的同学，在大二的那一年，他们牵手了，至今已经有整整五年的时间了。他们爱得很投入，所以彼此都很珍惜对方，可是就在他们商量着谈婚论嫁的时候，斌军意外地变了心，跟一个有家庭背景的女人结了婚，这让爱爱痛苦不已。

那天，斌军依照往常一样把爱爱约到了肯德基的门口，他给爱爱买了一个很好吃的汉堡包，这让爱爱感动不已，在当年他们牵手的时候，就是这样一个场景。可是等爱爱吃完了汉堡包之后，斌军说出了自己的决定。

爱爱站在原地，半天没回过神来，等她清醒过来之后，斌军已经转身离开了。于是她拼命跑上去拽住斌军的胳膊，一个劲地问为什么。斌军只是不断摇头，什么话也没有说。爱爱伤心地哭了，她狠狠抽了斌军一个耳光，蹲在了地上。斌军转身离开了，头也没回。

接下来的几天里，爱爱拼命给斌军在QQ上发消息，打电话，发短信，可是斌军直接将她的QQ给删除了，而且不停地挂电话，最后索性直接关了机，短信发出去也是石沉大海，没有任何的回音。爱爱心里乱糟糟的，她不知道该怎么办。

那几天，爱爱像丢了魂似地，每天无精打采，上班没有精神，晚上睡不着，没过多久就病倒了。她一天天憔悴下去，内心中期望的斌军并没有出现，渐渐地她明白了，她和斌军真的不可能了。

时间就这么过去了一个多月，爱爱也慢慢从失恋的阴影中走了出来。一次，她无意间和朋友们闲逛的时候，被别人再次拽进了肯德基，和斌军在一起的一幕幕重新出现在了她的脑子里，斌军对她的好，以及对她的承诺再次让她抱有了幻想。

于是，这天，她去斌军所在的单位，刚好碰到斌军和她的未婚妻手牵着手走了出来。爱爱看到后，眼泪忍不住流了下来，而斌军则对突然出现的爱爱无动于衷，就好像不认识一样。那一天，爱爱回去后整整哭了一个晚上。

故事中的爱爱，在遭遇男朋友变心之后，一直没有放下。结果一次次的被伤害，而陷入了悲伤痛苦之中。如果当初斌军提出分手之后，她能理智对待，或许随后的痛苦和伤害便不会降临到她的身上。可见，对于一些无能为力的事情，及时放下才能获得真正的快乐。那么，对于女人来说，如何才能放下呢？

1. 不要抱任何的侥幸心理

如果有些东西你失去了，那么就要认真地告诉自己这个事实，不要再抱任何的幻想和侥幸心理，否则你永远都走不出来。比如故事中的爱爱，一直对斌军抱有幻想，觉得或许他会回心转意。正是在这种心理之下，一次次失望，一次次被伤害，导致陷入悲伤的情绪中无法自拔。对于女人来说，不要心太软，该放弃的时候就要放弃，否则受伤害的只能是自己。

2. 及时转移你的注意力

如果你的注意力集中在一件事情上，那么你就会对此有期待，这件事情的任何风吹草动都会影响你的心情。因此，对于女人来说，如果对某件事情过于关注，那么不妨及时转移你的注意力，淡化对这件事情的关注度。随着时间的推移，慢慢地你就会发现自己并不像想象中的那么在乎了。

3. 不妨把得失看得淡一些

在失去之后，我们之所以会痛苦，是因为我们有太强的占有欲。如果你能把得失看得淡一些，或许你会发现，失去了也没什么。对于女人来说，尤其要注意这一点，因为很多女人私欲非常强，这样往往导致他们在失去之后伤痕累累。事实上，大可不必如此，你得到又能怎么样，失去又能怎么样呢？

4. 要及时清扫心里的垃圾

要想忘记一些失去的东西，那么就要及时地清扫心里的垃圾。因为这些垃圾会让你记起曾经的往事，这对于你来说并不是什么好事，尤其是当你打算放下的时候，它们会重新刺痛你的心。因此，对于女人来说，在你打算舍弃的同时，一定要将心里的垃圾清扫干净，给自己的情绪投入一些新鲜的空气。

❀ 更多的朋友，更多的快乐

把你的欢乐给朋友分享，你会得到两倍的快乐；把你的痛苦跟朋友分担，你的痛苦会减半，通常我们总是这样来形容朋友的。事实也是如此，朋友多了，你的欢乐就多了，痛苦和伤心就少了。因此，对于女人来说，不妨多结交一些朋友，你会发现，你的生活会轻松愉快很多。

春天是一个活泼开朗的女孩子，她身边的朋友很多，因此平日里总是非常开心。可是她之前并不是这样的，在上小学和中学的时候，她的胆子特别小，也不大喜欢跟同学们玩，所以总是孤零零的一个人。

一次，春天下午放学后，也不知道什么原因，平常一直早早等在校门口的爸爸今天没有来。她一个人站在校门外面等，天色慢慢暗了下来，依旧不见爸爸的身影，春天害怕极了，呜呜哭了起来。

这时候，看门的大爷走了出来，把春天领到了门房里。大爷有一个和春天岁数差不多大的孙女，叫小丽。她见到春天后，走过去拉着春天的手说："姐姐，我们一起玩吧。"说着，把自己的玩具给了春天，还把很多好吃的东西拿给了她。

第二天，春天才知道，爸爸出了车祸，永远离开了她。妈妈受不了这个打击，精神崩溃后彻底疯了。那一年春天只有10岁，她离开了爸爸妈妈，被送进了孤儿院。在孤儿院里，春天依旧不和小朋友们一起玩，只有到了周末，她才去找小丽一起玩，有时候爷爷带着小丽来孤儿院看春天。

小丽是个开朗的孩子，她在和春天玩的时候，和孤儿院的孩子们渐渐熟了。慢慢的，春天也和小朋友们开始一起玩了，有了这么多的小朋友，春天的胆子渐渐大了起来，从那以后，她再也没有感到孤独。

随着年龄的增长，春天渐渐喜欢上了交朋友，只要是身边对她友善的人，她都喜欢把自己的高兴事说给他们听，同样，别人也因为春天的坦诚而喜欢上了她。有时候伤心难过的时候，她也会向周围的人倾诉，别人觉得春天信任他们，而同样把自己的秘密说给她听。就这样，春天身边的朋友越来越多。

故事里的春天由之前的性格孤僻到后来喜欢上了交朋友，是因为朋友能给她欢乐，给她温暖，也正是因为这个原因，她的性格也随之发生了巨大的改变。可见，在生活中，多交一个朋友，就能多享受一份欢乐，少承当一份痛苦。那么，对于女性来说，如何去结交更多的朋友呢？

1. 对待别人不妨坦诚一些

生活中，我们总是喜欢坦诚一些的人，因为我们觉得他们的心是真诚的。如果你总是怀着心眼，那么别人是完全可以感觉出来的。所以，作为女人，要想让你周围全是朋友，那么就在接触当中坦诚一些，用你的坦诚赢得别人对你的信赖。这样，别人才会对你敞开心怀，接纳你成为他的朋友，朋友多了，欢乐自然多了。

2. 用一份信赖去换回人心

如果你表现出对别人的不信赖，那么别人一样不信任你，这样，彼此之间互相防备着，就没有办法成为朋友。如果你信赖别人，对他人不要提防，那么同样，对方也不会提防你，也会对你表示出友善。因此，对于女人来说，不妨信任你身边的人，用你的信赖去换回别人的信赖，你的友善

和真诚势必换来别人的友谊，这样，你又多了一个快乐的源头。

3. 热心帮助需要帮助的人

一般情况下，当我们伸手帮助别人的时候，同时把我们的友善传给了他，别人受了你的帮助，自然会把友善回报给你，这样，无意之中你又获得了朋友。因此，作为女人，不妨善良一些，看到别人需要帮助，要及时伸出援手，用你的热心赢得别人的信赖。多一个朋友，多一份欢乐。

4. 要学会善于和别人分享

通常我们会和朋友一起分享我们的好东西，当你主动和别人分享你的好东西的时候，无疑暗示对方，你很信任他，你对他有好感，你愿意和他做朋友。这样，别人收到你这样的信息，没有理由拒绝你。因此，对于女人来说，要想多一个朋友，那么就不要吝啬，把你的好东西和别人分享吧，你会发现你慢慢地变快乐了很多。

❋ 成长为一个幽默的魔力女

有的人一张嘴就能将别人逗得哈哈大笑，而有的人再怎么表现也幽默不起来，因此，很多人认为一个人的幽默是天生的。事实并非如此，幽默感是完全可以学习和培养的，只要你努力，一样可以语出惊人，让别人眉开眼笑。

很多女孩子都喜欢有幽默感的男生，可是相对于男生来说，女性更善于培养出幽默感来，因为女性更加细心，更加敏感，更善于捕捉生活的一些细节。事实上，一个人的幽默感往往很大程度上产生于生活。

辛雯的闺蜜结婚了，婚礼举办得相当的成功。除了婚礼策化得完美之外，还少不了辛雯的临场发挥，她的幽默给婚礼增添了许多欢乐。

在亲戚朋友入座之后，典礼开始了。主持人说了一大堆的开场白之后，向新郎新娘提问："两位在结婚之前接过吻吗？"新郎说："有过！"新娘也羞答答地点了点头，为了让典礼更加有意思，主持人接着问："那你们之后有过更亲密的接触吗？"

主持人问得很含蓄，但是对于新郎新娘，以及在场的人来说，都明白事实什么意思。新郎有些不好意思回答。新娘更是羞红了脸。

这时，站在一旁的辛雯说："此处省去8个字。"

顿时，在场的嘉宾哈哈大笑起来。尴尬的气氛顿时轻松了很多。但是主持人比较刁钻，他在想法设法刁难新郎新娘，让他们在众人面前出洋相，来增加婚礼的趣味性。见辛雯化解了上一个难题，于是又想出了下一个难题。

主持人问道："新娘子，在此之前，你常到新郎家去吗？"

新娘子点了点头。

主持人接着问道："那你把新郎的父亲当爸爸吗？有没有在他面前撒过娇呢？亲过他的脸吗？"

主持人接连串的问题，让在场的众人又发出了一阵哄堂大笑。

新娘子羞红了脸，站在台上多少有些不知所措。

这时候，辛雯出来圆场说："这个可以有。"

众人又是一阵大笑。

新娘子接过话说："这个真没有。"

在场的嘉宾笑得前仰后合，现场的热闹气氛更加高涨。最后，在一片欢声笑语当中，结婚典礼圆满的结束了。

事实上，这些都来自于原汁原味的生活。由此可见，对于女性来说，多留意生活的细微之处，往往能增强你的幽默感，在不经意间，让别人被你逗得捧腹大笑。那么，对于女性朋友来说，如何才能增加自己的幽默感呢？

1. 要有积极乐观的心态

通常，一个幽默的人往往有乐观的心态。事实上，只有开心快乐的人，才能发现生活的快乐，才能在人际交往当中把你的这种快乐情绪表达出来，继而影响别人的心情。很难想象，一个整天唉声叹气、悲观失望的人，会懂得幽默，会让别人开心地笑。所以，作为女性，要想让自己的语言富有幽默感，积极乐观的心态是前提。只有你是快乐的，才能发现生活的快乐；生活不是缺少幽默，而是缺少发现。

2. 多和幽默的人交往

俗话说"近朱者赤近墨者黑"，要想让自己富有幽默感，那么就要多接触一些比较幽默的人。时间长了，耳濡目染，你会在不经意间发现，你也很有幽默感了。当然，在这个过程中，别只顾咧着嘴笑，在表达你快乐的情绪时，要注意留意和观察别人的言语和动作，要思考同样一句话，别人为什么说出来惹人发笑，而你说出来却没有那个效果。和有幽默感的男生在一起，女孩子要学会学习他们的幽默，让自己也富有幽默感，增加你无穷的魅力。

3. 多积累些幽默段子

很多时候，我们发现一些人不会说幽默话，但是和他们在一起，你一样也感受到来自对方的幽默。只要你细心一些，你会发现他们说的很多幽默话，往往是来自于电视或者是书本上的经典幽默段子，只不过经他们的嘴说出来，又增加了很多身边的情节，让经典在生活中再现，让幽默在实实在在的生活中继续传播。所以，女性朋友要想让自己富有幽默感，多积累一些经典的幽默段子未尝不是一个好办法。

4. 学会模仿再现幽默

富有幽默感的人还有一个特点，那就是他们善于模仿。模仿某一个动物的动作，比如大猩猩；模仿某一种声音，比如猪叫；模仿某一个滑稽人物的言行动作等，往往能制造出幽默的效果，让人忍俊不禁。比如模仿赵本山和宋丹丹演的小品《昨天、今天和明天》中宋丹丹吹牛的那句"怎么能说是……那家伙……"，想想会是怎么可笑的一种情景。因此，想要让自己幽默一些的女生，要多注意和观察，学会模仿生活中的人或者事，你会发现，其实你也是一个很有幽默感的人。

第 12 章

居家情商：
聪明女人做好家庭的CEO

结婚对于女人来说是一生中的大事，不仅意味着你要跟一个男人一起生活，更重要的是要跟这个男人有着血脉关系的一家人相处。如果你足够的聪明，把彼此之间的关系处理好，那么你慢慢会成为家里的核心。相反，如果你不会处理，那么势必成为婆家人眼中的眼中钉、肉中刺。那么女人究竟该如何与婆家人相处呢？这是需要一些方法和技巧的，在这一章，我们将为你详细地讲解。

❈ 抱怨的女人，让家庭幸福走远

生活中，每个女人都在竭尽全力的追求一生的幸福，然而，幸福是种感觉，是要用心感受的，当然这需要你喜欢你的丈夫，用心来经营你的婚姻，那么你的家就是幸福的家。相反，如果你抱怨你的丈夫，抱怨家庭生活，那么你感受到的便是不满和痛苦，家的幸福会永远远离你。

慧珍是29岁才结的婚，当时她非常不喜欢她的丈夫，但是由于自己年龄也大了，来自家里的压力很大，后来不得不嫁了过去。慧珍从小在城市里长大，而且受过高等教育，可她的丈夫家却在农村，家庭条件非常一般，再加上她的丈夫洪钧没有学历，只是在外面打工，工资收入也非常有限，所以她打心眼里不喜欢这家人。

结婚后，洪钧一家人对慧珍非常好，总觉得她是城里长大的姑娘，不能让她受委屈，所以家里有什么好吃的，都首先让给慧珍。可是这些，在慧珍的眼里看来，根本瞧不上，因此，她只要一不顺心，就开始摔碟子扔碗，洪钧也只是默默地忍受着。

这天，慧珍的母亲生病了，洪钧带着礼物去看望岳母。晚上慧珍回家后就开始唠叨了，她指着洪钧的鼻子说："你看看，你给我妈妈带的什么礼物过去？带点烂水果去，谁稀罕呢，我妈没吃过水果吗？"

洪钧说："那都是新鲜的水果，怎么是烂水果。我花了50元钱买的。"

慧珍骂道："花50元钱心疼了？你说说你，一个大男人，一个月挣2000多块钱，也难怪你花了50都心疼呢！"说完，狠狠瞪了洪钧一眼，洪钧没有说话。

慧珍见洪钧不再说话了，转身将桌子上放的一个水杯狠狠砸在了地上。这个水杯是洪钧的母亲三年前买的，由于质量好，所以一直在用。珍砸了玻璃杯子，气急败坏地吼道："你看看，你这窝囊废，家里穷得一塌糊涂，连喝水的杯子三年了还在用着，嫁给你真是倒了八辈子的霉了。"

洪钧忍无可忍，吼道："我家就这么个条件，我没有逼着你嫁过来，现在你又抱怨这个，不满那个的，早干吗去了，不想过了，你就回你们家去，没人拦着你。"

慧珍见洪钧发火了，也跳了起来："你看看你这穷酸样，你还好意思吼，你吼什么啊，自己没出息，还不让我说了，看你能把我怎么样！"

洪钧气得浑身发抖，他走过去，狠狠给了慧珍两个耳光。慧珍扑过来，两人扭打在一起。

故事里的慧珍，由于不喜欢丈夫，不满意婆家的生活，所以总是在抱怨，一个劲地羞辱洪钧，结果两人打起了架，很显然，家庭的幸福永远不可能降临到她的身上。可见，女人在不断抱怨的时候，注定了她的婚姻悲剧，她家的幸福被她的抱怨挤到了九霄云外。如果她换个心情，不再去抱怨生活，而是去欣赏她的丈夫，那么，或许换来的是她和洪钧的恩爱，换来的是家庭的和睦。那么，作为女人，如何才能不去抱怨，营造家庭的幸福呢？

1. 对生活要懂得知足

对于女人来说，既然选择了你的丈夫，选择了对方的家庭，那么就要懂得知足。不管婆家的家境好还是不好，都要融入这个家庭中去，如果你总是在抱怨婆家的家境不好，抱怨丈夫对你不好，那么无疑是否定了你现在的生活。这样会让你的生活更加的痛苦，对于女人来说，要懂得知足，要念别人的好。

2. 对丈夫要学会尊重

不管你的丈夫多么没有本事，但是她始终是你的丈夫，需要你的尊重。如果你不尊重你的丈夫，那么就是在否定你的婚姻。试想你总是在羞辱和责骂你的丈夫，即使他想变得优秀，这份热情也被你浇灭了，男人连一点最起码的尊严都没有了，还会尊重你吗？所以，聪明的女人应该明白，尊重你的丈夫，就是尊重你的婚姻，反过来说就是尊重你自己。

3. 对公婆要学会孝敬

既然结婚了，那么你的公婆就是你的父母，要像尊重自己的父母一样尊重他们。别以为他们和你没有血缘关系，就可以随便抱怨他们。即使你的丈夫很爱你，但是他们更爱自己的父母，如果你不孝敬公婆，往往会凉了丈夫的心，会让你的婚姻亮起红灯。反过来说，你不孝敬公婆，你的丈夫对你父母一样也不会好，一家人不和睦，怎么会有家庭的幸福呢。

4. 欣赏和赞扬每个人

你在抱怨的时候，看到的都是别人的缺点，你越抱怨，就会觉得他们越差劲。试想谁又愿意被人否定呢？如果你换个角度，多去发现别人的优点，欣赏和赞扬你身边的每个人，即使他们的表现不那么优秀，也会感激你。这样，一家人充满了温情，幸福自然就降临到了你的身边。

❀ 爱他，就要善待他的家人

俗话说：爱屋及乌。对于女人来说，爱你的丈夫就要对他的家人也要好，否则你的爱就会成为你丈夫的负担，让你的爱大大的贬值。但是生活中，很多女人似乎并不明白这个道理，结了婚之后，总是跟婆家人处不到一起去，总是想方设法和婆婆闹别扭，跟小姑子吵嘴，无形中会严重影响夫妻之间的感情。

红玉和薄冰是大学走到一起的，他们爱得非常坚决，一起走了整整八年。期间很多大学时代的情侣都分手了，可是红玉认定了薄冰，因此大学毕业之后，她陪着薄冰在北京飘了整整四年。这年秋天，她不顾家里的反对，毅然决然嫁到了西部一个偏僻的小城市。

由于在北京飘了四年多，红玉和薄冰都感觉到累了，所以他们结婚后再没有出去，而是选择了在家乡就业，这就意味着红玉要和薄冰的家里人相处。红玉是个懂事的女孩子，她暗暗下决心一定会和婆家人搞好关系。

每天早上，红玉都早早起床，做好了早餐，然后叮嘱婆婆和小姑子按时吃饭；下午下班后匆匆赶回家里，做好晚饭。除此之外，她还经常和婆婆聊天，尽管婆婆说的是家乡话，她有时会听不懂，但是她还是尽力去学习。

小姑子正在上高中，学习特别紧张，红玉时不时还抽时间给小姑子补习英语，还把自己的工资拿出来给小姑子买很多漂亮的衣服。尽管她跟小姑子年龄相差十多岁，但是就跟亲姊妹一样。

这一切，薄冰看在眼里，记在了心上。他对妻子红玉照顾得也非常周到，两人的感情越来越甜蜜，结婚两年多了，两人出去逛街的时候还是手牵着手，这不时引来别人的羡慕和赞扬。

这年年底，红玉尽管怀着身孕，可还是细心地去为丈夫买了过年穿的新衣服，当然没有少了小姑子和婆婆的，唯独没有给自己买。小姑子感激地说："嫂子，你对我真好，谢谢你。"说完，过来轻轻抱了抱红玉。

婆婆更是笑得合不拢嘴，她说："我真是上辈子修来的，遇到这么好的儿媳妇，来，孩子，让娘好好看看你。"红玉走过去，依偎在婆婆的腿上，撒娇的样子，婉如在自己的母亲面前一样。

晚上，薄冰轻轻走过去，从后面抱住了红玉，动情地说："亲爱的，谢谢你，真的谢谢你！我发誓这辈子一定好好爱你。"红玉转过身来，紧紧抱住了薄冰。

故事里的红玉非常爱薄冰，所以总是想方设法对他的家人好，这让丈夫薄冰心里对她充满了感激，因此两人的感情也越来越好。可见，女人要想让自己获得幸福，要想让自己的婚姻更加稳健，那么就要把对丈夫的爱延伸到他的家人身上，这样，家庭才能更加和睦，你才能在婆家树立威信。那么，作为女人，要如何善待婆家人呢？

1. 要从心里把婆家人当成自己的亲人

对于女人来说，从你嫁到婆家的那一刻起，你已经和这个家庭中的每一个人联系到了一起，成为了一家人。那么，如果你不把他们当成你的亲人，他们也不会把你当自己人看待。这也就是很多矛盾产生的原因。因此，对于女人来说，要把你的婆家人当成自己的亲人一样看待，只有这样你才会善待他们，打心眼里对他们好。

2. 要把对丈夫的爱延伸到婆家人身上

你嫁到婆家，归根到底，是因为你爱你的丈夫，但是，如果你不能爱他的家人，那么你的爱迟早会失去意义。因为对于你的丈夫来说，他在乎你是真的，但是他更在乎养育他的父母，更在乎和他从小一起长大的兄弟姐妹。只有你善待婆家人，才能让你的丈夫把对家人的爱转嫁到你的身上，才会更爱你。

3. 主动承担家务把婆家人解放出来

对于女人来说，既然你嫁到了婆家，那么就成为婆家的一员，既然是一家人，那么就要承担相应的家务责任。这时候，如果你足够聪明，就要主动多做家务，把你的婆家人从家务里解放出来。这样，你做的家务越多，就越有说话权，同样，你的婆家人也会更加尊重你，更加欣赏你。试想，你的丈夫能不更爱你吗？

4. 要给予婆家人足够多的关怀和尊重

在一起生活，难免会产生各种需求，作为儿媳妇的你有需求，作为婆家人的他们也有他们的需求。这时候，你就要多关心他们，多理解，满足他们的需求，多去关心他们，尊重他们。尽管这样看起来，你受了点委屈，可是你却赢得了他们的尊重和爱。作为你的丈夫，也会更加爱你，更加疼你。

❀ 帮助你的老公变得更加成熟

很多时候，相比于女人来说，我们觉得男人更加成熟，更加稳健，但是我们不得不承认，女人的心理成熟程度要远远高于男人。对于一些问题的认识和处理上，女人更加理性，她们往往能用自己超强的逻辑思维能力和感知能力，把问题处理的更加恰当和合适。从这个角度上来说，一个成功的男人后面总有一个女人在默默的支持和付出。

对张凯来说，最近遇到了些尴尬事。

原来，张凯在结婚之前有一个谈了六年多的女朋友，两人感情非常好，就在他们商议结婚的时候，女朋友邓慧却不辞而别出了国。后来，张凯认识了现在的妻子王倩，接触了两个月便匆匆地结了婚。

由于王倩善解人意，家里家外操持得井井有条，对张凯也特别好，两人的感情越来越好，结婚后的第二年他们有了自己的孩子，一家人生活得和和睦睦，其乐融融。

这天，张凯回到家里，刚坐下休息，突然电话响了。他接通后，正是他之前的女友邓慧，二人寒暄了几句，便挂了电话。这时候王倩关切地问道："是谁啊？"

张凯说："是邓慧，她从国外回来了，约我出去见个面呢。"

王倩笑了笑说："你怎么回应的啊？"

张凯望着王倩说："我当然拒绝了。这还用问吗？"

王倩说："你干吗拒绝啊？应该去啊。人家一番好意，你怎么拒绝了呢？多伤人家的心啊。"

张凯不高兴地说："说什么呢！"

王倩认真地说："真的，应该去，好歹也谈了那么多年，没走到一起，至少应该是朋友嘛，你不能拒绝别人的友善啊。这样，你待会打个电话，主动约她，到时候咱们俩一起去，好好聊聊，毕竟是这么多年的朋友了。"

当他们俩一起出现的时候，着实让邓慧有些不好意思。本来邓慧想通过这次见面，试图和张凯重归于好，尽管她知道张凯已经有了妻室。

那晚，王倩关切地问起了邓慧在国外的生活以及回来的打算，并表达了自己的善意。临走的时候，诚恳邀请邓慧到家里做客。之后，她不断地给邓慧打电话，关心和帮助邓慧，渐渐和邓慧成了非常要好的朋友。

之后，在王倩的积极张罗之下，为邓慧介绍了个男朋友，这年年底，张凯亲自为邓慧张罗了婚事。尽管之后的交往中，张凯和邓慧关系非常好，但是却从来没有出现过任何的问题。

故事中的张凯在有了妻儿的情况下，接到了前女友的电话，如果不是妻子王倩的成熟处理，说不定他和邓慧真的会旧情复燃，给他的家庭带来毁灭性的打击。可见，作为一个好的妻子，不但要照顾好家庭，还要学会帮助你的老公变得成熟，以此来正确处理与前女友的关系，捍卫自己的家庭。那么，作为女人，如何才能帮助老公变得更加成熟呢？

1. 为老公和前女友的交往定好基调

对于男人来说，不可能婚前没有谈过对象，甚至有的男人还会谈过很多个女朋友，难免有些相处的时间久了，感情非常深，尽管没走到一起，还是彼此心里对对方有感情。当她们出现在你们的婚姻中的时候，作为一个聪明的女人，千万不要打压，这样会让你老公把你当成敌对方。这时候你要做的，就是和你的老公一起来处理，为老公和对方的相处定好基调，当你的老公明白你的用心良苦之后，自然会成熟应对。

2. 为老公和女性朋友相处做好引导

作为男人，在社会上打拼，有几个女性的朋友也是再正常不过的事情。男女之间交往，避免不了会产生感情，尤其是一些大龄女青年，很容易爱上已婚的男人。因此，作为一个好妻子，要及时关注丈夫和女性朋友之间的交往；适当的时候，和你的丈夫一起参加朋友间的聚会，暗示你和你老公感情很好，同时，也是为他们之间的交往做好引导。当然，你要相信你的老公，不要随便去猜忌和怀疑。

3. 正确态度应对处理老公的婚外情

如果你的老公在外面和别的女人有了婚外情，那么作为一个成熟的女人，千万不要逼迫你的老公，也不要去和别的女人拼个你死我活。你要明白，你的老公在外面找女人，那肯定是你们之间的感情出了问题，你要做的是和你老公多沟通，加强情感的建设，同时也要善待你老公。这样，你的老公慢慢感觉到你的善解人意，会感激你，而作为不该出现的小三，也会有愧于你，自动退却。

❀ 聪明女人不要和婆婆抢老公

很多男人非常孝顺，跟父母的关系很好，尤其是跟母亲的关系，非常亲密。这就让很多妻子觉得心里不舒服，她们认为丈夫更应该对自己上心，因此便避免不了和婆婆争老公。这样，无意之中和婆婆对立了起来，让你的老公觉得你不孝顺父母，影响了夫妻之间的感情，一个聪明的女人绝对不会做这种自掘坟墓的事情。

爱梅和老公王明相恋四年之后步入婚姻的殿堂，因此两人的感情非常好，平日里总是如胶似漆地黏在一起。可是，最近两人的感情却亮起了红灯，闹起了分居，这究竟是怎么一回事情呢？

原来，这天下午，爱梅回家之后，看到老公王明躺在婆婆的腿上，和婆婆在聊天。她的心里顿时有了不满的情绪，她觉得老公是属于自己的，只能躺在自己的腿上，王明这么大的人了，还躺在婆婆的腿上，实在是太不应该了。

王明见妻子回来了，于是爬起来帮助她一起做起了饭。其间王明和爱梅说话，爱梅一句话也没有说。王明以为爱梅在外面受了委屈，心情不好，所以也没有多问。这天晚上，爱梅拒绝了王明的亲热，王明才知道妻子在生自己的气。

于是，他哄了整整半个小时，爱梅才说出了自己的心里话，她说："你都多大了，还躺在你妈的腿上撒娇，多不像话啊。"

王明笑着说："我多大也是我妈的儿子啊，这有什么不合适的啊？"

爱梅赌气地说："你是我的男人，只能躺在我的腿上来，躺在别的女人的腿上算怎么回事啊？"

王明苦笑着说："不是吧，她是我妈，你就为这个吃醋了？"

爱梅没有说话。王明有些生气地说："你简直是无理取闹么，跟我妈吃的哪门子闲醋，难不成我跟我亲妈都不能亲近一些，你也管的太宽了吧。"

从那以后，只要王明对婆婆好一些，爱梅就觉得心里不舒服，跟丈夫闹情绪。很多时候，王明都觉得爱梅是小女人心理作祟，也就没有跟她计较。

这天，王明出差回来，掏出了一个非常精致的小匣子，递给了母亲，笑着说："妈，这是我从外地给你带回来的玉石，你不是一只都喜欢这个东西嘛。"

母亲接过玉石后，笑着说："哎哟，我这宝贝儿子，你可真孝顺啊，还惦记着你妈这点爱好呢。得了，你坐着，我去给你煲汤去。"

这时候，爱梅从厨房里走了出来，她本来想把自己精心煲好的汤端给丈夫解解乏，看到这一幕之后，她端起汤倒进了马桶里，然后回屋锁上了门。那晚，王明没法回屋睡觉，在沙发上将就了一个晚上。

故事里的爱梅看到丈夫王明跟婆婆非常亲热，就吃起了醋，看到他对亲妈比对她好，感觉心里不平衡，把煲好的汤倒进了厕所里。这无疑之间，让丈夫王明觉得，她是无理取闹，觉得她不孝顺，继而对她有了意见，严重影响了两人的感情。可见，作为一个聪明的女人，要理解老公和婆婆的母子之情，不要去和老人抢你的老公。那么，作为一个女人，如何才能做到这一点呢？

1. 理解老公和婆婆的母子情

作为妻子，你要明白，你的丈夫除了是个男人之外，他还是个儿子，他对自己的母亲好这也是理所当然的事情。当他孝敬母亲，和母亲亲近的时候，你要理解他们之间的这份母子之情。如果一个男人连生养自己的母亲都不孝顺，怎么会对你这个半路结合的妻子更好呢？因此，作为一个聪明的女人，千万不要为此和你的老公闹情绪。

2. 学着老公去孝顺他的母亲

作为女人，你有自己的父母，你的老公也是一样的。在你的老公孝顺自己父母的时候，作为妻子，你也要学着去孝顺他的父母。这样，会让你的老公觉得你很懂事，你很孝顺，继而对你的情感更加深厚。因此，对于一个聪明的女人来说，要学着像你的老公一样去孝顺他的父母，从而赢得老人的喜欢，老公的疼爱。

3. 代替老公为婆婆做点事情

如果你的老公工作忙，忽略了他的父母，那么作为一个妻子，你要代替你的丈夫尽孝道，为你的公公婆婆实实在在做点事情。比如买些可口的食物，买一些舒适的衣服，带他们出去转转，多和他们聊天等。尤其是婆婆，更要对她好一点，这样，你的老公得知你所做的一切，自然会对你感激不尽，同时还能搞好你和婆婆的关系。

4. 不要问老公你和婆婆谁更重要

很多愚蠢的女人总是会问老公，自己和婆婆在老公的心里谁更重要。

典型的问题是，两人掉到水里，先救谁。当你这么问的时候，会让你的老公为难：如果回答先救你，势必背上不孝的骂名；如果回答先救母亲，又会觉得得罪了你。事实上，不用问，要想让你的老公更爱你，更加对你好，那么就要去对婆婆好。这样，你在老公心里的位置自然会慢慢高起来。

❀ 做母亲是女人最幸福的事情

对于女人来说，只有在有了孩子之后才能真正享受到做女人的幸福，因为她们能精心培育一个幼小的生命，能把自己所有的爱都倾注在孩子身上，甚至对于一些女人来说，孩子就是她们的全部。因此，对于一个聪明的女人来说，一定要养一个自己的孩子，做一个完完整整的女人，懂得享受女人最幸福的事情。

石娟大学毕业之后便结了婚，丈夫磊是他大学的同学，两人在学校的时候感情非常好，结婚的时候，很多亲戚朋友都劝阻她不要着急，可是石娟非常有主见，毅然决然地嫁给了磊。

结婚之后，石娟想要个孩子，可是磊却说自己连个像样的工作也没有，等两年再说。石娟想了想，觉得磊考虑的也是事实，毕竟生活没有稳定的来源，孩子会受苦的，于是一晃三年过去了。

三年之后的磊依然没有稳定的工作，石娟也只是在一个私企打工，两个人的收入还不到五千元钱，连最起码的生活开支都觉得困难，更别说要孩子的事情了。期间，石娟也怀过几次孕，最后还是痛下决心，做掉了。

转眼又过了三年，磊的事业依旧没有起色，可是他们已经30岁了，于是在石娟的强烈要求之下，磊终于妥协，同意了要孩子的想法。可是整整三个月过去了，石娟没有任何怀孕的迹象和反应。

这可让石娟忧心如焚，她和磊一起去了医院检查，问题出在了她的身上。由于之前做过几次人工流产，现在的她已经无法怀孕了。这个消息对石娟的打击非常大，因为这样就意味着这辈子她不能养育自己的孩子了。

石娟不甘心就这么放弃了。于是她跑了很多家医院，尝试了很多种治疗的方法，最终没有任何的效果。磊的爸爸妈妈也一个劲地催促，起初他们给父母说不想要，可是后来，顶不住家里的压力，磊将实话告诉了父母。

从那之后，石娟在婆婆公公的眼里便没有了地位，挨骂受气不说，老人的冷言冷语也让她饱受煎熬。对于她自己来说更是痛苦，每当看到小孩子，她都会主动凑上去抱一抱，亲一亲，她觉得只有抱着孩子的时候，才能感觉到自己是活着的一个人。

由于石娟压力很大，心情总是不好，所以和磊的相处中，脾气总是很大；而磊也因为经常受到父母的逼迫，再加上事业一直做不起来，压力也很大，因此，他们常常为一些琐事而争吵，两人的感情在不断的争吵声中消失殆尽了。

故事中的石娟和磊本来是一对恩爱的小夫妻，可是由于事业没有做起来，一直拒绝要孩子，可是等他们想要的时候，却要不了了。这对于作为一个女人的石娟来说是多么大的打击，也正是因为没有孩子，两人的感情也亮起了红灯，最终导致了婚姻的破碎。可见，对于一个女人来说，孩子是幸福婚姻生活的一部分，明白这一点才能经营好你的情感，捍卫你的婚姻。那么，对于一个女人来说，应注意哪些方面的问题呢?

1. 洁身自爱杜绝婚前性行为

生活中，很多女孩子在婚前都有性行为。当然，并不是说这不好，而是在结婚前，对性的认识上还不够全面，所以一旦不小心，就有可能怀孕，这时候如果不能结婚只能做人工流产，这对女性的身体伤害非常大。人工流产做的次数多了，很容易导致不孕，因此，作为一个聪明的女人，一定要洁身自爱，不要随便发生性行为，以免给自己的幸福蒙上阴影。

2. 夫妻生活中做好预防措施

很多夫妻在结婚的头几年，因为事业或者是别的原因，不想要孩子。那么在夫妻生活当中就要做好相应的预防措施，如果预防不当，也要及时做好紧急避孕的措施，避免因为一时无法克制，而导致怀孕做流产。同前面说的一样，流产的次数一多，很容易导致不孕。这一点，作为女人一定要清楚。

3. 一定注意自身的卫生习惯

对于女人来说，身体的自我保护系统比较脆弱，很容易染上这样那样的妇科疾病，这在一定程度上会影响受孕。因此，作为女人，平日里多注意自身的卫生习惯，保护好自己的身体。你要明白，你担负着孕育下一代的责任，如果你的一个不注意，导致了将来无法养育孩子，无法做一个母亲，那么你就亲手毁掉了自己的幸福。

4. 一定要细心照顾你的老公

当然，一个女人能不能做母亲，也不仅仅是女人一个人决定的。女人在照顾自己的同时，也要照顾好你的老公，保证他的身体健康。同时还要加强和老公的情感沟通和建设，避免老公在外面拈花惹草，染上疾病，避免给你的身体再带来伤害，这些都是作为一个女人需要留意和关注的。

❀ 如何和丈夫的女性亲戚愉快相处

女人结婚之后，就成为婆家的一员，那么婆家的亲戚是避免不了要接触和交往的，尤其是一些婆家的女亲戚，更是要学会与他们愉快的相处。

如果她们不喜欢你，很容易产生口舌纠纷，这样一来，两家的亲戚关系便会受到影响，从而影响你的婚姻生活。

俏俏是赶在年前结的婚，由于是新婚，所以过年的时候，很多亲戚家要亲自去拜访。他们不辞辛劳地拜访了一些长辈级的亲戚之后，开始在平辈之间走动。

这天一大早，俏俏和丈夫阿文带着礼物来拜访舅舅家的表哥，表哥是个非常实在的人，非常热情地接待了他们，表嫂也是非常热情，他们进屋后又是端茶，又是倒水。不一会儿，表嫂去忙着为他们做饭了，阿文和表哥聊起他们的事业和工作，俏俏一个人待着有些无聊，于是她来到了厨房里帮助表嫂一起做饭。

表嫂也没有拒绝俏俏的帮忙，两人在做饭中便聊起了天。

表嫂问："俏俏，怎么样，到阿文家生活还习惯吗？"

俏俏笑了笑说："挺好的。"

表嫂笑着说："阿文是个好男人，人老实，还特别顾家，你啊，捡了个大便宜了。"

俏俏不好意思地笑了笑。

这时候表嫂说："俏俏啊，你看我们家不富裕，你们家阿文挺有本事的，要不借给我们些钱，我们也做个小本生意啊？"

俏俏说："这个我似乎做不了主啊。"

表嫂说："怎么做不了主啊，你现在嫁给阿文了，就是家里的女主人了，以后的财政大权就有你掌握了。"

俏俏为难地说："这个，恐怕不大合适吧，我们刚结婚也花了很多钱，再说了，阿文是家里的男人，需要他做决定才行的。"

表嫂尴尬地笑着说："我跟你开玩笑的，你还当真了。"

当天下午，等阿文和俏俏走后，表嫂就对表哥说："人家俏俏是城里人，瞧不上我们家，刚才在厨房里一个劲抱怨我们家条件差。"

表哥听了，没有说话，但是脸色一下子阴了下来。那年，他们没有回访俏俏家，而且从那以后很长时间都没有去过。阿文的母亲一次去串门的时候特意邀请表哥一家去阿文家玩，表哥说："你们家儿媳妇嫌弃我们穷，所以我们也就不自找没趣了。"

回家后，婆婆就狠狠训斥了俏俏，话说的非常难听，不论俏俏怎么解释，婆婆都不信。慢慢地，婆家人对俏俏有了很大的成见，就连她的丈夫阿文也开始慢慢远离她了。

故事中的俏俏在拜访表哥的时候，拒绝了表嫂的不合理请求，结果表嫂传了闲话，导致表哥家跟他们家的关系恶化，最终导致了婆家人对她的不喜欢。可见，作为女人，跟婆家的亲戚相处的时候，一定要多加留意，不要随便得罪他们，得罪了他们就意味着得罪了你的婆家人，你的日子自然不会好过了。那么，作为已婚女人，究竟如何跟婆家的女亲戚相处呢？

1. 不要随便发表评论

很多女人在一起聊天的时候，总是喜欢评论人，评论事，这往往是很多是非的源头。或许你只是没有任何意义地表达了你的看法，但是既然从你的嘴里说出来，迟早会传到别人的耳朵里，经过添油加醋，严重变了味道。尤其是亲戚窝里，传来传去就成了矛盾，就会影响两家的关系，甚至还会影响你和婆家人的关系，影响你们夫妻之间的感情。

2. 适当地给予他们恭维

既然是你婆家的女亲戚，那么她们说话，在你婆家人面前会有一定的作用，她们说你好，你的婆家人会很有面子，很高兴；如果她们说你的不好，那么婆家人觉得很丢脸，就会为难与你。因此，作为一个聪明的女人，在和婆家的女亲戚相处的时候，要记得适当给予她们恭维，把她们哄高兴，让她们说你的好而不在背后说你坏话。

3. 对谁都不要掏心窝子

很多女人，觉得嫁到了婆家，那么婆家的亲戚就是自家人，当他们表示对你的关怀和问候的时候，就觉得很感动，把内心中的想法全部说给他们听。你会发现，很快，你所有的亲戚都知道了你的想法，这样，无异于受制于人。如果哪一天，你和他们发生一些矛盾和纠结，那么她们会毫不犹豫地把你的秘密都露出来，给你带来不必要的麻烦。

4. 无论如何都不要抱怨

生活中，不可能什么事情都随你的愿，尤其是嫁到婆家之后，跟婆家人的融合需要一个过程，中间难免会产生摩擦和隔阂。在和婆家的女性亲戚聊天的时候，千万不要把你的不满和抱怨随便说出来，既然从你的嘴里说出来了，那么便不再是秘密了，等传到婆家人的耳朵里之后，便会影响你和婆家人的关系。

❈ 如何和丈夫的男性亲戚愉快相处

作为一个新人，嫁到了婆家，避免不了要和婆家的男亲戚相处。当然，男人一般不会说闲话，但是和他们相处的时候，也要注意一些举止，因为他们身后有一双眼睛虎视眈眈盯着你呢。如果你言谈举止稍微不注意，那么就会给他们留下不好的印象，这直接影响着两家之后的交往。

毓婷是在半年前结的婚，由于丈夫代杰跟堂哥的关系非常好，所以很多时候，毓婷都会跟着丈夫一起去堂哥家串门，这一来二去，跟堂哥堂嫂的关系非常熟了。

这天傍晚，代杰去公司加班了，毓婷一个人待着闷得慌，便径直来到了堂哥家串门。进了屋之后，她呼唤着堂嫂的名字，可屋里不见一个人。毓婷非常纳闷，正准备往外走，这时候堂哥睡眼蒙眬走了出来，笑呵呵地说："噢，是毓婷啊，快坐吧。"

毓婷坐在了沙发上，问道："堂哥，我嫂子呢？"

堂哥打了个哈欠，说："她啊，今天刚好回娘家了，家里就我一个人，怎么了，你找她有事啊？"

听堂哥这么一说，毓婷立即站起来，笑着说："也没事，嫂子没在，我改天再来吧。"

堂哥说："别啊，我一个人待着也没劲的很，你陪我聊一会儿吧。"

见堂哥很真诚，毓婷便没有再拒绝，和堂哥聊了起来。

不知不觉，过去了两个小时，这时候快晚上10点多了。毓婷站起来说："堂哥，我要回去了，时间不早了。"

堂哥客气地说："时间还早呢，再待会儿吧。"

毓婷说："真的不早了，我要回去休息了。"说完，便要往外面走。

就在这个时候，表嫂走了进来，毓婷说："哎哟，表嫂，你可回来了，我刚才过来找你聊天，堂哥说你不在，回了娘家了。"

表嫂没有说话，望了毓婷一眼说："是啊，我赶了回来，把你堂哥一个人留在家里不放心。"说这话的时候，狠狠瞪了一眼堂哥。

毓婷打过招呼之后，就回了家。

等她走后，堂哥和堂嫂发生了激烈的争吵，而且动了手。堂嫂怀疑堂哥和毓婷之间出了问题，这让堂哥大为恼火。

从那之后，堂哥见了毓婷不敢说话，毓婷渐渐也不爱到堂哥家去串门了，这更让堂嫂觉得他俩之间有猫腻。后来，闲话传到了丈夫代杰的耳朵里，这直接导致了两家关系的恶化，而且还严重影响了他们夫妻之间的感情。

故事中的毓婷无意中和堂哥聊了会儿天，却惹来了这么大的麻烦，这是她无论如何也没有想到的。由此可见，对于结了婚的女人来说，在跟婆家的男亲戚相处的时候一定要注意，千万不要因为一些误会造成亲戚间的不愉快。那么，作为一个聪明的女人，究竟如何和男性亲戚愉快的相处呢？

1. 不要聊过于私密的话题

女人之间聊一些私密的话题无可厚非，但是和男亲戚相处的时候就要注意了，聊的话题一定要大众一些，而且不宜谈的过深。你要明白只是出于对他们的尊重来寒暄和客套，千万不要觉得他们是亲戚就可以随便聊，你别忘了，他们毕竟是男人。所以，结婚后，女人要跟男人保持心理距离，即便是你的亲戚也不例外。

2. 谈话要保持一定的距离

和你们家的男亲戚交谈和相处的时候，要保持一定的空间距离，如果空间距离过近，无形之中就会让你身边的人起疑心，产生想法。即使你们之间没什么，可是别人会胡乱猜想，把没有的事情说得惟妙惟肖，给双方的家庭和婚姻带来不必要的麻烦。作为一个聪明的女人，在跟男亲戚交谈的时候，一定要保持距离。

3. 交流的时要在公共场合

作为已婚女人，和男亲戚单独相片的时候，一定要选择在公共的场合，千万不要在一些比较隐蔽的环境中相处。或许你们之间只是亲戚，说说话，没什么大不了的事情，可是别人并不这么想。就像故事中的毓婷和堂哥之间，只是聊了会儿天，可是却引来了那么大的麻烦。因此，作为已婚女人，一定要记住，和男亲戚单独相处的时候一定要选择公共场合，否则你永远也说不明白。

4. 勿随便和他们说悄悄话

即使是你婆家的亲戚，作为已婚女人，不要随便和他们说悄悄话，因为这是关系亲密的两口子之间才能有的动作。或许你为了省去麻烦，不想让无关系的人听到。你完全可以发个短信或者打个电话等方式来沟通。这样，就避免了夫妻之间的互相猜忌。如果你动不动就附在男亲戚的耳朵边上说话，这样会让你的丈夫心里不舒服，也会让对方的妻子不高兴。

❀ 对穷亲戚的态度表现你的修养

一般情况下，很多人都会有嫌穷爱富的心理，当比自己家富裕或者是差不多的亲戚上门的时候，表现得分外热情；而一些穷亲戚上门的时候，则表现冷淡，有些看不起他们。尤其是一些年轻人，这种心理往往比较明显。

王丹和邓冰是在国庆节结的婚，尽管结婚好几个月，但是邓冰家的亲戚，王丹并没有全认识，而且有些远房的亲戚根本没有见过。

这天中午下班后，王丹匆匆忙忙地赶回了家，准备午饭。就在准备吃饭的时候，突然门铃响了，王丹走过去打开了门，只见门外一个50岁左右的乡下妇女，穿得非常土气，站在门口，说："请问这是邓国瑞（邓冰的父亲）家吗？"

王丹瞪了一眼说："是啊，你有事吗？"

乡下妇女朝门里望了一眼，说："我是他的妹妹，特意从乡下过来看望他的。"说完，就要往屋里走。

王丹拦住了她说："等等，你是谁的妹妹啊？"

乡下妇女惊恐地说："我是邓国瑞的妹妹啊。"

王丹没好气地说："他这会儿不在，你下午再来吧。"说着就要关门。

这时候，邓冰从屋里出来了，说："王丹，是谁啊？"

王丹说："她说她是你爸爸的妹妹。我也不知道是真是假。"

邓冰走到门口一看，说："哎哟，姑姑，什么风把您给吹来了，你来怎么也不事先告诉我一声呢，我好去接你啊。"说着，把乡下女人迎进了屋里。

乡下女人一看桌子上的饭，不好意思地说："哎呀，是不是我来的不是时候啊？"

邓冰热情地说："姑姑，你说什么呢，这里就是你自己的家。来，来，来，吃饭。"

姑姑望了一眼王丹说："邓冰啊，这是……"

邓冰说："这是我媳妇，她叫王丹。"

姑姑低着头吃饭，没再说什么。

王丹走过去，把姑姑带来放在桌子上有些肮脏的塑料袋子，拿起来放到了门口。姑姑看了一眼，说道："侄媳妇，你别介意啊，姑姑我大大咧咧习惯了，弄脏了桌子。"王丹瞪了一眼姑姑，没有吃饭就上班去了，临走的时候还使劲把门关上了。

姑姑心里非常难受，吃了一点饭便匆匆地告别了。晚上，邓冰的父亲得知妹妹来过，明白了事情的原委之后，狠狠骂了一顿王丹，并将王丹的父母叫到了家里，当面数落了一顿。

故事里的王丹，在乡下的穷亲戚姑姑前来拜访的时候，表现出了厌恶和轻视，结果导致姑姑匆匆离去，而她则受到了婆家人的严厉斥责，连她的父母也跟着挨训。可见，女人嫁到婆家后，一定要善待婆家的穷亲戚，他们再穷也是你的婆家亲戚，尊重他们就是尊重你的婆家人。那么，作为女人，如何对待婆家的穷亲戚呢？

1. 对他们要非常热情

作为一个聪明的女人，你要明白，对于婆家的穷亲戚，不管婆家人是什么态度，你都要表现出非常热情，因为你对婆家穷亲戚的态度就是间接对婆家人的态度。你对他们的到来不欢迎，无疑就是在打你婆家人的脸。试想，公公婆婆会高兴吗？所以，对于已婚女性，一定要对上门的穷亲戚客气一些，热情一些。

2. 对他们的到来表示欢迎

按理说，不管是谁，上你的门就是你的客人，都要表示欢迎。但是由于是婆家的穷亲戚，穿比不上你，吃比不上你，生活条件比不上你，那么在他们面前你就会有优越感，会觉得他们会踏脏地板，会坐赃沙发。如果你有这样的心理，那么态度和言语上自然不会表示出欢迎，无疑是对他们的拒绝。

3. 要多关心和问候他们

对于上门的穷亲戚，作为嫁入婆家的儿媳妇，要多关心和问候他们，对他们表达出你的诚恳。事实上，这样会让他们感受到来自你的尊重，同时，也让你的婆家人看到你对他们家亲戚的厚爱。因此，对于一个女人来说，要多关心问候上门的婆家穷亲戚，让他们对你赞不绝口。

4. 打消他们内心的顾虑

由于他们穷，所以害怕被人看不起，上门之后总是表现得很拘谨，生怕自己的一个不雅动作会引起别人的不高兴。这时候，作为媳妇，你要主动告诉和暗示对方，让穷亲戚明白，你不介意，这样，他们的言谈举止会慢慢地放松一些，因为他们没有了心理顾虑。如果你不说，他们便会非常小心，甚至以后也不敢常来了。

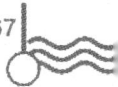

参 考 文 献

[1] 吴若权. 人脉经营术[M]. 北京：中国长安出版社，2010.

[2] 吴文铭. 受益一生的心理学启示[M]. 北京：中国纺织出版社，2008.

[3] 成果. 心理学的诡计[M]. 北京：中国纺织出版社，2010.

[4] 史玉娟. 会说话的女人受欢迎[M]. 北京：中国纺织出版社，2008.